著者 ／ 闻少聪

闻少聪

联系方式

微博号：闻少聪_儿童教育专家

微信号：wenshaocong_jiaoyu

QQ 号：3512586951

父母如何做
孩子习惯好

在爱与管之间培养孩子

闻少聪——著

华东师范大学出版社

·上海·

图书在版编目（CIP）数据

父母如何做 孩子习惯好：在爱与管之间培养孩子 /
闻少聪著.—上海：华东师范大学出版社，2021
ISBN 978-7-5760-1311-5

Ⅰ.①父… Ⅱ.①闻… Ⅲ.①儿童-习惯性-能力培
养②儿童教育-家庭教育 Ⅳ.①B844.1②G78

中国版本图书馆CIP数据核字（2021）第069474号

父母如何做 孩子习惯好：在爱与管之间培养孩子

著　　者　闻少聪
责任编辑　刘　佳
特约审读　徐曙蕾　刘诗意
责任校对　张　筝
装帧设计　高静芳等

出版发行　华东师范大学出版社
社　　址　上海市中山北路3663号　邮编 200062
网　　址　www.ecnupress.com.cn
电　　话　021－60821666　行政传真 021－62572105
客服电话　021－62865537　门市（邮购）电话 021－62869887
地　　址　上海市中山北路3663号华东师范大学校内先锋路口
网　　店　http://hdsdcbs.tmall.com/

印 刷 者　浙江临安曙光印务有限公司
开　　本　700×1000　16开
印　　张　17
字　　数　339千字
版　　次　2021年6月第1版
印　　次　2021年6月第1次
书　　号　ISBN 978－7－5760－1311－5
定　　价　72.00元

出 版 人　王　焰

（如发现本版图书有印订质量问题，请寄回本社客服中心调换或电话021－62865537联系）

前言

　　孩子正处于成长的年龄，形成一些好习惯对他们来说至关重要。

　　习惯就是一个人长期以来形成的稳定的行为模式。有了好的习惯，孩子就可以变得专注、认真、自律，独立学习、主动思考。日积月累，坚持下去，他们才能够不断地提升，走向成功。

　　当然，形成好的习惯并不是一件容易的事。爱玩是孩子的天性，想让他们接受约束不是一件容易的事。父母要注意观察孩子的发展，既要允许他们释放自己，又要提出适当的要求；既要给他们爱和关怀，也要去管。在爱和管之间把握好平衡，帮助他们形成一系列的良好的思维与行为的模式。

　　当孩子形成各种好习惯的时候，我们对他们的教育就会变得轻松，富有成效，他们也就因此获得了独立生活的能力。

　　本书列举了许多案例和有效的方法，希望能够为您教育孩子提供启示！

闻少聪　2021 年 2 月

目录

❤ **第一章　成长中的"小怪物"——孩子为什么不听话？**　001

1. 不要用成年人的思维去理解孩子　003

2. 孩子的好习惯是一个思想与行为的序列，要坚持练习　005

3. 孩子的思维特点是形象、具体、幼稚，理解能力有限　007

4. 不听话，是因为孩子没有听懂你的命令　011

5. 不听话，是因为孩子不明白为什么要坚持那些好习惯　015

6. 不听话，是因为孩子不知道该怎么去做一件事　017

7. 不听话，是因为孩子的自律性差　020

8. 不听话，是因为孩子变得"逆反"　024

9. 不听话，是因为我们的教育方式不对　027

10. 好习惯的培养是一个渐进的过程，父母要有耐心　030

❤ **第二章　教育孩子的关键——在爱与管之间把握好平衡**　035

1. 对孩子既要爱，也要管　037

2. 付出爱的同时，要让孩子学会劳动　040

3. 付出爱的同时，让孩子耐心、坚持做好每一件小事　044

4. 父母要帮助孩子养成好习惯，提高能力　048

❤ **第三章　怎样培养孩子的好习惯——用目标去引导孩子的行为**　051

1. 有目标才会有进步——父母和孩子都要有目标　053

2. "千里之行，始于足下"——从小目标开始　056

3. 让孩子明白坚持一个目标的意义　060

4. 让孩子学会一步步、按部就班地去实现目标　063

5. 不要因为孩子一次没做好，就否定他们　067

6. 在孩子能够胜任时，要为孩子提出新的目标　072

7. 孩子做不到的时候，要寻找原因　074

8. 孩子松懈的时候，要督促他们　078

第四章　怎样培养孩子的好习惯——用计划去约束孩子的行为　083

1. 让孩子养成做事提前计划的好习惯　085

2. 适时地为孩子制订一些小计划　090

3. 制订一个按时起居的计划　092

4. 制订一个锻炼身体的计划　094

5. 制订一个认真听老师讲课的计划　097

6. 制订一个专心写作业的计划　101

7. 制订一个看故事书的计划，提高阅读和口头表达能力　104

8. 制订一个写字、背单词的计划　106

9. 制订一个整理房间、做清扫的计划　109

10. 制订一个看电视、玩游戏的计划　111

11. 制订一个收支的计划，提高算数能力　115

12. 与孩子一起讨论一段时间以来执行计划的得失　118

13. 日积月累——让小目标变成大目标　119

14. 怎样拒绝孩子不合理的要求？　121

15. 父母要有耐心，不能急于求成　125

第五章　生活中应该培养孩子的哪些好习惯　　　127

1. 培养孩子遵守时间的好习惯　　　129

2. 培养孩子认真观察的好习惯　　　137

3. 培养孩子动手解决问题的好习惯　　　142

4. 培养孩子做事提前准备的好习惯　　　147

5. 培养孩子一步一步做事情的好习惯　　　152

6. 培养孩子主动思考的好习惯　　　157

7. 培养孩子独立自主的好习惯　　　164

8. 培养孩子专注、认真、做事不分心的好习惯　　　169

9. 培养孩子坚持、有耐心、面对失败不灰心的好习惯　　　175

10. 培养孩子锻炼身体的好习惯　　　180

11. 培养孩子爱表达、沟通的好习惯　　　183

12. 培养孩子与别人交往合作的好习惯　　　188

第六章　培养好习惯的关键在于坚持　　　195

1. 为什么孩子很容易放弃？　　　197

2. 让孩子明白成功来自坚持　　　199

3. 让孩子明白失败的原因，与孩子一起改进　　　201

4. 让孩子明白只有在小事中积累，才会实现大的目标　　　203

5. 让孩子明白做事情的办法，才会消除畏难心理　　　206

6. 培养孩子坚强的性格　　　209

第七章　沟通最重要——在沟通中与孩子建立信任　　　**215**

1. 及时沟通，才能与孩子建立默契　　　217

2. 利用生活中的琐碎时间了解孩子　　　220

3. 再忙也要陪孩子——抽出时间来与孩子一起玩耍　　　223

4. 要适当地抽出时间陪孩子写作业　　　226

5. 多与老师沟通，了解孩子在学校的生活学习情况　　　228

6. 要注意观察孩子的情绪，发现他们的难处　　　231

7. 让孩子把一天的事讲出来，培养他们主动沟通的习惯　　　234

8. 不要拒绝孩子天真的提问　　　236

9. 避免粗暴的沟通方式　　　240

第八章　用家去改变孩子——家庭是孩子

　　　　最强有力的支撑　　　**245**

1. 父母要营造融洽的家庭氛围　　　247

2. 父母之间要相互沟通，并且及时地关注孩子　　　251

3. 宽容与约束——父母之间要有适当的角色分工　　　254

4. 用"家庭会议"去解决问题，并让孩子参与　　　259

第一章

成长中的"小怪物"
——孩子为什么不听话？

1 不要用成年人的思维去理解孩子

　　有一次，在送孩子上学的时候，在学校的大门口遇到一对母女。母亲送女儿上学，早上的交通很拥挤，她们来到学校的时候，已经马上就要到上课的时间。就在要进学校大门的时候，女儿突然想起来文具盒忘在家里，她的铅笔、橡皮、尺子、涂改液等都放在文具盒里，如果没有这些，一天的学习任务将很难完成。女儿跟妈妈说要回家取。可是，来回一次，路上要花不少时间，不仅上课要迟到，妈妈上班也会受到影响，这怎么行呢？

　　妈妈就在学校门口大声地训斥女儿："昨天晚上让你早点上床睡觉，你不听，非要看故事书，看到那么晚才睡。早上起床晚了，着急上学又不检查自己的书包，现在文具盒丢家里了，怎么办？"

　　女儿听了妈妈的训斥，委屈得掉下泪来。

　　看到女儿哭，妈妈更来气了："跟你说了多少次了，让你养成好习惯，晚上吃完饭按时写作业，早点睡觉，睡前收拾好书包。可你就是不听话，总是那么固执，什么事都按自己的想法去做，作业总是磨蹭着写不完，每天晚上都得哄着才能睡觉，做事丢三落四的，对了——还总是要买这买那的，刚买了一个文具盒，看到新的，又要买。这样长大还能干什么！"

　　女儿只能够站在那里，无助地大声哭泣。

　　许多父母都感到头痛：孩子在不知不觉间变成了一个"小怪物"。

　　他们固执、任性、爱发脾气。我们要他们向东，他们就向西；要他们吃饭，他们就看电视；要他们写作业，他们就出神发呆；要他们睡觉，他们就要听故事；要他们练琴，他们就在键盘上乱敲；要他们专心地画画，他们就信手涂鸦，然后还向你提问："妈妈，你看这张画是野兽派还是现实派？"他们沉迷在手机游戏里不能自拔，不让他们玩，他们就哭闹；他们总是提出各种无理的要求，却对你的要求不理不睬，还不时地提出一些奇怪的问题，比如：老虎是猫的哥哥吗？屁为什么是臭的？幼儿园的阿姨也会放屁吗？手机游戏里的人会不会冲出来？

　　父母都希望孩子养成一些好习惯：起居有规律，上课能够坐得住，回到家里能够自己写作业，控制自己玩耍的时间，自主地完成生活中一些力所能及的事情……变得自律、认真、专注，这对他们未来的成长至关重要。但他们却调皮地敷衍着，心不在焉地听着你说话，却没往心里去。父母已经付出了很多，每天陪着孩子，尽量满足他们的需要，要什么就给买什么，给他们报了各种辅导班……对孩子，可以说没有任何保留，能做的都做了，却没见孩子有起色。

　　好的习惯是一个思想与行为的连贯的序列。

　　不能养成好的习惯，就无法有规律地生活，在家庭中制造紧张，无法融入幼儿园、学校，难以学习新的知识，不能培养良好的性格，长此下去，很难面对将来的学习和生活。

　　孩子为什么不听话？为什么不按照我们说的去做，不能持之以恒、养成良好的生活与学习习惯？原因在哪里？

　　当我们面对孩子顽皮而又天真的面孔时，切记一点：不要用成年人的思维去理解他们。

② 孩子的好习惯是一个思想与行为的序列，要坚持练习

很多父母都想知道：什么是一个人的好习惯呢？

孩子每天起居、饮食、锻炼、上学、看书、写字、做作业、做游戏……有很多事情要做。好习惯是一个连续的思想与行为的序列。

比如孩子的起居：每天晚上都要按时刷牙，把被子铺好，脱下衣服、放在枕边，准时上床，关灯睡觉；早上到了时间，听到闹钟就会自己醒过来，穿衣、洗脸、漱口、吃饭、收拾书包准备上学……坚持下去就会形成规律。

比如孩子的饮食：每天都按时吃饭，不挑食，摄入必要的蛋白质、脂肪、淀粉、维生素等，保持均衡的营养，每天如此，就能够健康地成长。

比如孩子每天上学：前一天晚上预习功课，搞清楚第二天要学的难点问题。第二天到学校里认真地听老师讲课，搞清楚课堂的内容，顺利地完成一天的学习任务。

比如孩子看书、写字、做作业：写字要一笔一画地认真去写，坚持下去，才能记住生字，能够看书，和别人交流；做加法算术题，要对准数位、一个数字一个数字认真地加，记住加法口诀，不断地练习，才能算得又快又好；每天把作业写好，巩固一天的学习，知识才能不断地增长。

比如孩子进行体育锻炼：每天保持一定的运动量，定时地跑步、做体操、踢球、踢毽子……可以提高身体素质，促进发育，还可以培养意志力。

比如孩子做游戏：玩适量的游戏，可以开动大脑、活跃思维，提高动手能力，对于他们的成长很有好处。

……

亲子
课堂

　　父母要有意地引导孩子，通过不断的坚持练习，把这些思想与行为变成他们内在的、自发的要求，这时就会养成好习惯。

　　拥有这些好习惯对于孩子的成长很重要。我国的大文学家巴金说过："孩子成功教育从好习惯培养开始。"英国哲学家培根也说过："习惯真是一种顽强而又巨大的力量，它可以主宰人的一生。"教育学家发现，那些在科学、政治、经济、艺术等各个领域取得成功的名人，共同特点就是坚持、自律，有很多好习惯。

　　我国古代的天文学家张衡从小就有观察天体的好习惯，坚持了数十年；大文学家鲁迅从小有爱书、看书的好习惯；美国经济巨子洛克菲勒有爱惜时间、遵守时间的好习惯；篮球巨星乔丹有坚持每天训练近十个小时的习惯，坚持了二十多年……这样的例子不胜枚举。可以说，没有好习惯，就不会有他们的成功。

　　父母要培养孩子的各种好习惯：专注、认真、坚持，把每一件小事做好。他们在将来面对生活的挑战时，就能够胜任，勇敢地面对。

　　当然，由于孩子的年龄还小，思维很幼稚，大脑、身体发育不完全，无法让他们一下就做到。父母不要心急，要在爱与管之间把握好平衡，坚持努力，既要关心孩子的成长，又要约束他们的行为，悉心地培养，孩子就可以改变，养成各种好习惯，帮助他们走向幸福与成功。

❸ 孩子的思维特点是形象、具体、幼稚，理解能力有限

父母要意识到孩子的思维与成年人是不同的。

孩子的思维是形象的，理解能力有限

教育心理学家认为，孩子的思维处于萌芽期，只能够接受一些简单、形象的指令，还无法理解复杂、概括性的语言。瑞士教育学家、心理学家皮亚杰发现：学龄前后这个阶段的孩子，他们的思维是简单的，无法摆脱对形象事物的认识，难以进行抽象的思考，这种思维方式又叫"形象思维"。

孩子刚刚获得一些对于这个世界的最基本的知识：学会了一些口头语言，能够进行基本的日常对话；认识了一些汉字，能够读一些简单的故事；获得了一些基本的劳动技能，能够洗自己的手帕，自己洗脸、刷牙，收拾床铺；刚刚学会和别人相处，懂得一些礼貌常识，在幼儿园、学校里和小朋友好好相处；才获得一点自律能力，能够在课堂上坐四十分钟，听老师把课讲完……但他们不知道的还有很多事情，他们对世界的理解是十分简单的，还不能独立地面对生活。

他们的思维是形象的，对于我们讲的许多道理，他们并不能充分地理解。他们不太理解：为什么每天都要按时睡觉？为什么动画片只能看半个小时？为什么写字要一笔一画认真地去写？为什么每天都要上学？为什么上课不能乱动、乱说话？……他们并不明白，这些点点滴滴的积累，是在为将来的生活做准备，他们能够关注的，就只有眼前能够看到的、能够感知到的事情。这是由他们的思维特点决定的。

这就需要我们给他们以充分的时间，让他们去学习、理解，去慢慢地明白其中的道理，不能太心急，要他们一下做到。

孩子的表达能力很有限

父母要注意：孩子还处在幼年期，他们懂得的知识很少，表达能力很有限，这会导致他们常常无法清晰地说出自己的想法。例如孩子在练字的时候遇到一个比较难的字，笔画很复杂，不知道该怎样去写，但他们不知道怎样说出来。而表现出来就是坐在那里东张西望、磨磨蹭蹭，看上去很不认真。这时父母可能很着急，会去责备他们，但父母实际上并没有搞清楚其中的原因。

父母要理解孩子的表达能力有限这个特点，认真地观察他们、倾听他们，就会知道他们面对的困难是什么，真正需要的是什么，然后帮助他们改变，这样才能让孩子养成好习惯。

孩子的自律性还不够

孩子的天性是顽皮的，到了上幼儿园、上学的年龄，虽然培养了一些自律能力，但还不能够约束自己。在这种情况下，如果一下子给他们提出很多要求，让他们突然之间就变得听话，他们必然做不到。

在这个年纪，孩子会很好动，好奇心极强，不停地想去看、去摸，急于了解自己能够接触到的任何东西；热衷于提问，有无穷无尽的问题；很容易对一件新鲜的事情着迷，比如一个新的玩具、一部新的动画片、一个刚安装的手机游戏等；他们自由自在，随心所欲，反对条条框框。

许多父母看着孩子到了上学的年纪，觉得他们该长大了，应该像一个大孩子一样，一下就对他们提出很多要求。但你会发现他们很难做到，总是想着各种办法推脱、逃避，其实这是孩子的天性。他们充满好奇心，渴望探索，乐于尝试，不愿意受到约束。

在这种情况下，想让他们一下就接受你的很多要求是不现实的，这不符合孩子成长发育的规律。父母要理解孩子的这种不成熟，不要太心急，要给他们以自由成长的空间，允许他们尝试，要从生活小事中培养他们，满足他们自由探索的需求，又让他们明白做事要守规则、有秩序，帮助他们养成好习惯，健康成长。

孩子在这个年龄段很"自私"，喜欢从自己的角度去理解生活

在3—8岁这个年纪，孩子从父母那里得到了无尽的关怀，觉得自己就是世界的"中心"，觉得自己得到的一切都是理所应当的。他们对于生活的理解是围着自己展开的。

他们会有这样的想法：妈妈就应该把好吃的都给我，爸爸就应该陪我玩，爷爷奶奶就应该关心自己，每天嘘寒问暖。

他们会觉得："只要我喜欢的，就应该得到。""凡事都要按照我想的样子去做。"在幼儿园里，他们会和别的小朋友争抢玩具；如果上课因为乱讲话被老师批评，他们会觉得："这样做很好啊，为什么不能这样做？"在他们的观念当中，凡是自己喜欢的，就应该这样做。

他们还缺乏客观性，比如上幼儿园的路上下雨了，雨水溅在地上，把自己的裤子打湿了，他们会很不高兴，会问："为什么雨这么不听话，一定要在这个时候下呢？"

由于这种心态，他们会很"自私"，凡事都要别人顺从自己，不愿意接受他人的约束。当然，这种"自私"并不是他们的天性，而是因为他们还不懂得要从别人的角度考虑问题。不过，这也体现出教育和培养的意义。

孩子的独立意识在成长

在这个年龄段，孩子的身心在发育，会有许多自主选择的要求。我们看到孩子许多任性的表现，其实都是他们的独立性在萌发。比如每天上学之前，本来都是由你为他穿好外套，但是突然有一天，当你想继续这样做的时候，他会突然推开你："我要自己穿！"

还有很多其他类似的事情：

"我不喜欢你给我买的这个文具盒，我想要一个那种图案的。"

当你要他们停下手中的游戏时，他们会拒绝，并且表示："不要管我！"

当你批评他们不按时写作业的时候，他们会很不服气，反驳说："我现在想看故事书，不想写作业！"

到了晚上睡觉的时间，他们会突然磨蹭着不肯上床，说："我想再玩一会。"当你问他们为什么的时候，他们会问："为什么爸爸不按时睡觉？"（言外之意，为什么一定要我这样做呢？）

……

这些事情虽小，但表明孩子的独立性在萌发，在尝试着自己做出选择。他们会违背你的意愿，不按你说的去做。

亲子课堂

面对孩子的这些问题，父母要冷静。想想自己，不也是从孩子的阶段过来的吗？只是我们长大了，学会了生活的技能，不再这样天真，而把这个成长的过程忽视了。这样再看孩子，你也就理解了。他们是类似的，也需要一个成长的过程。

孩子还没有理解那些好习惯的意义，不明白为什么要接受那些约束，为什么要认真地坚持去做一件事情，没有形成内在的、自发的需求，会产生怠慢、逃避的心理。当你向他们提出种种要求的时候，就会看到那个一脸童稚、逃避推脱的"小怪物"。

当发现问题的时候，也是孩子成长的一个机会。每解决一个问题，孩子都会获得进步。父母要理解孩子的思维、心理发育的特点，从生活中的小事去引导孩子，做好每一件事，形成稳定的行为序列。帮助他们变得自律、认真、听话，养成各种好习惯。

❹ 不听话，是因为孩子没有听懂你的命令

　　父母要意识到一点：孩子的思维是天真、幼稚的，他们不听话，很多时候是因为他们对于生活的理解与我们不同。

　　在孩子成长的过程中，你会发现他们有很多奇怪的问题，让人哭笑不得。

　　比如有的孩子会问：

　　"老师说宇宙是无穷的，那么宇宙比我们的城市还大吗？"

　　"机器人和人一样吗？"

　　"为什么飞机的翅膀不像小鸟那样扇动呢？"

　　"妈妈，我是从哪来的？"

　　"爸爸小的时候不听话，奶奶也会罚他站吗？"

　　"为什么我没长鳃？如果有鳃不就能在水里生活了吗？"

　　"睡觉的时候我还会想问题吗？"

　　"妈妈，你发脾气的样子很吓人，太阳也会发脾气吗？"

　　"为什么闭上眼睛我就看不到了？"

　　"为什么幼儿园的小哥哥不穿裙子？"

　　"为什么在镜子里能够看到人？"

　　他们也有一些关于类似问题的奇怪答案。

　　比如，他们看到机器人玩具会发声说话、会走路，但需要换电池才能够动，就好奇地说："电池就是机器人的饭呢！"

　　他们会说："妈妈，你发脾气的时候很吓人，老天发脾气的时候，就打雷下雨了。"

　　他们还会说："妈妈，其实我们也有鳃是吗？"然后鼓起腮帮子，说："这就是我们的鳃！"

可以看到，孩子们的解释多么天真！

面对孩子的这些问题，父母大都感到很好笑，常常以简单的方式回应："净说傻话。"其实，虽然这些问题看上去很幼稚，却反映了孩子的思维特点：他们在用简单的思维去想象、理解这个世界。

就好比那个"盲人摸象"的故事。有几个盲人想知道大象是什么样子的，就来到一头大象的旁边。有的先摸到了大象的象牙，就说大象是一根光滑的萝卜；有的摸到的是大象的耳朵，就说大象是一把大蒲扇；有的摸到了大象的腿，就说大象是一根柱子……他们一个也没说对，因为每个人看到的都是有限的部分。

孩子的思维也是一样的，他们的大脑没有发育完善，掌握的知识很少，语言表达能力有限。在用有限的能力去理解生活时，只能够以非常简单的方式去联想、类比，就会有那些可笑的问题。

同样，当我们要求他们养成好习惯、对他们提出各种要求时，由于幼稚的思维，他们也很难理解那些习惯的意义。他们不明白为什么要枯燥地、日复一日地去做一件事情：按时起床、锻炼身体、上学、复习功课、练习生字、背单词、学画画、学琴……他们不明白只有坚持努力，养成各种好习惯，才能够让自己将来的生活更有规律，学习更有效率，让自己掌握更多的知识和技能。他们还很难把眼前这些简单、单调的行为和将来的生活联系起来。这时，父母要有耐心，帮助他们去明白这些好习惯的重要性，这对他们将来的成长是至关重要的。

这时，父母应该尽量用形象的方式帮助他们理解。

例如，我们在开篇中提到的那对母女，女儿因为在前一天晚上贪玩，要看故事书，看到很晚，结果早上起不来床，着急上学，把文具盒丢在家里了。

孩子无法一下子理解只有头一天晚上按时休息、保证睡眠，第二天才能按时起床。母亲可以借这个机会来教育孩子。

例如，这位母亲可以用温和的态度对孩子说："昨天晚上我们没有按时上床睡觉，晚上没睡好，早上就起不来床，是不是？"

然后可以接着说："早上起得晚，要匆忙做好多事情，结果把文具盒丢在家里，一天的学习都会受到影响。"

这样，孩子就会明白是因为昨天晚上拖延，导致今天的匆忙，以及遗忘了文具盒。

可以趁机对孩子讲做事要遵守时间的道理："如果每件事情都是这样磨蹭，不遵守时间，做别的事情也会受到影响。不是这样吗？"

还可以鼓励孩子："没关系，这次没做好，下次改正。妈妈和你一起去做，好不好？"

这位母亲可以向班主任老师说明情况，从老师那里借一支铅笔、一块橡皮、一根尺子，帮助孩子度过这一天的学习生活。

然后，在以后的每天晚上都要提醒孩子："如果不按时睡觉，明天又要迟到了。"还可以在睡觉之前和孩子一起检查文具盒，把铅笔、橡皮、尺子等放到文具盒里，再把文具盒放进书包，第二天就不会遗忘。坚持一段时间，慢慢地就会养成习惯，孩子就会自觉地去做。

有了这样耐心、具体、形象的解释，再加上妈妈的鼓励，孩子就可以改进。

　　不要用粗暴的方式去责备孩子，发现孩子的一次失误就批评不止。孩子习惯的养成需要一个过程，不能因为一次或几次的失败就全部否定他们，这不符合他们成长的现实。也不要对他们讲大道理，他们幼稚的思维还不能理解你的大道理。

　　要记住一点，孩子的思维是不成熟的，他们只能够用形象的方式去理解生活。我们不能用成年人的方式要求他们马上就做到，要给他们时间，让他们渐进地成长。在这个过程中，孩子会自然地养成那些好习惯，成为专注、认真、有用的人。

　　此外，对于生活中孩子提出的种种奇怪的问题，父母也要给予关注。因为这是他们在思考，在试图去理解这个世界。正是在解决这些问题的过程当中，他们的知识才获得积累，能力才获得提高。面对这些问题，父母也要尽量用形象的方式为他们解答，帮助他们理解。比如对于前面那几个问题，父母可以回答：

　　"宇宙可以装下很多很多我们这样的城市。"

　　"因为飞机的翅膀不是柔软的，所以不能扇动。"

　　"你是妈妈生出来的。"

　　"爸爸小时候不听话，奶奶也会批评他，但后来他听话了，奶奶就不批评他了。"

　　"我们用肺呼吸空气，就不需要鳃了。"

　　"睡觉的时候当然不会想问题了，但有时候会做梦，做梦的时候你的大脑还是活跃的。"

　　"太阳也会发脾气，太阳发脾气的时候有太阳风，我们看电视都会受影响。"

　　"闭上眼睛，光线传不到你的眼睛里，当然就看不到别的东西了。"

　　"幼儿园的小哥哥穿短裤，他们就不需要裙子了。"

　　"镜子那么平整，反射了光线，所以你才能够在镜子里看到自己。"

　　……

这样孩子就容易理解这些问题。

关注、回答孩子的问题，有助于他们正确地理解生活，丰富知识，健康成长。

概言之，我们要意识到孩子的大脑不成熟这个特点，用形象的方式引导，帮助他们完善思维，便于养成各种好习惯。

⑤ 不听话，是因为孩子不明白为什么要坚持那些好习惯

父母理所当然地认为孩子能够听懂自己说的那些大道理，变得懂事，但真的是这样的吗？其实，孩子不听话，很多时候是因为他们不明白做一件事情的意义。

一个周六的上午，我带着孩子到一家新开的儿童游乐场去玩。游乐场有很多新增的项目，很多父母都带着孩子在玩。玩过几个项目之后，我看到前面围了一堆人，走过去一看，是一位爸爸在训斥他的儿子。

事情的经过是这样的：爸爸妈妈带着儿子，一家三口到游乐场里玩，游乐场里的游戏很多，有充气城堡、打飞碟、蹦蹦床等。玩了几个游戏之后，儿子看到忽高忽低的旋转木马，有很多小朋友在排队等着，很好奇，就央求爸爸玩一次。爸爸答应了他，父子两个约好了，玩过这一次，就回家写作业。

儿子听到爸爸答应了，很高兴，坐上木马。启动之后，木马一会高，一会低，就像在赛跑一样，还伴随着好听的音乐，儿子开心得直笑。

等到游戏结束了，爸爸妈妈准备带着儿子离开，可是儿子意犹未尽，就求爸爸："能再玩一次吗？"

爸爸听到儿子的央求，很生气："刚才不是说好了玩过之后就回家写作业吗？"

儿子说："再玩一次，只再玩一次，行吗？很好玩，就再玩一次，求求你了，爸爸。"

爸爸听了更生气："不行，你这么不懂事，刚才说好的事情，现在就变卦了，只想着玩，不想看书写字，这样下去，长大了以后，怎么能考上名牌大学？"

儿子被爸爸训斥，坐在地上号啕大哭。爸爸生气地站在一旁，对他的哭叫不理不睬。妈妈站在一边手足无措，不知道该帮着谁说话。

就这样引来一大群人围观。

其实仔细想想，孩子固然有些不懂事，但是，他真的是有意的吗？

也许，他上了五天的学，很累，好不容易有了一个休息的机会，不想离开；而且，他才刚到上学的年纪，就想让他明白考上名牌大学的道理，是不是有些太早了呢？

其实，孩子的思维还很幼稚，他们的大脑里还没有那些知识，并不明白眼前的事情和将来的成长有什么关系。你给他们讲那些大道理也是没用的。

父母不要急于求成，漫长的旅行是在一步一步的积累中完成的。孩子的成长是一个渐进的过程。父母应该学会从小事着手，让孩子一点点地明白认真完成一件事情的重要性。

比如对于前面那位爸爸，他可以在平时就注意培养孩子的时间观念。凡事提前约定，约好了之后，就不能轻易改变。上街购物、玩手机游戏、看电视，都和孩子提前说好时间，慢慢的，孩子的时间观念就会增强。平时给孩子一定的玩耍时间，让他们放飞自我，这样，孩子就不那么任性，玩起来不肯放手。父亲还可以再和孩子约定："再玩一次，玩过这一次之后一定回家。"孩子的天性得到了释放，就不会再固执了。

父母对孩子有着无尽的用心良苦，总希望一下就把自己的人生经验传授给下一代，让他们马上就明白人生的意义，但这是不现实的。孩子的思维简单，生活经历有限，很难把眼前父母的种种要求和将来的生活联系起来，并不知道养成好习惯的意义。这就需要父母有耐心。实际上，我们不必一下子就把那么多的大道理告诉给孩子。摩天的高楼，是一层一层建起来的。我们只需在平时的小事中注重积累，从一个一个小目标入手，培养他们的好习惯，他们就可以变得认真、自律、专注，成为一个有用的人。

6 不听话，是因为孩子不知道该怎么去做一件事

很多时候，孩子不听我们的话，是因为他们不知道该怎么做。

一个周三的傍晚，我把萌萌从幼儿园接回来，陪他玩了一会电动汽车，随后，我要准备晚饭，就让他坐下来练字。那天我教他学了几个生字，我想让萌萌在晚饭之前练熟了。吃过晚饭，他又会忙着看电视，而我又要看资料，会忙到很晚，没有时间督促他。

萌萌很听话，拿出笔、练习本，安静地坐在桌子旁，写了起来。

我在厨房里洗菜、煮饭，很忙碌，过了一会儿，我想起他还在练字，想知道他写得怎么样了，就来到他的房间，一看，我一下子来火了。原来，他坐在那里写了那么久，只歪歪扭扭地写了几笔"一""丿"等笔画。

我生气地责问他："萌萌，怎么这么不认真呢？刚才说好了练字，可是写了这么久，才写了这么几笔？"

萌萌看到我严肃的表情，哭了，他委屈地说："爸爸，我也想写，可是，我不知道'成'字怎么写啊，我记不住了。"

说实话，这个字的笔画我也不熟悉，平时都是随手写出来的。我试着写了几笔，发现自己也很不确定，这才知道错怪了他。

我急忙上网去查，这个字的笔画顺序是：横、撇、横折钩、斜钩、撇、点。还真是挺复杂的，难怪孩子记不住。看到孩子委屈的面孔，我感到很不好意思，急忙解释："这个字还真的挺难写，连我也记不住，这不怪你啊！让爸爸陪你一起写吧！"

我放下手中的活，陪着萌萌一起，一笔一画地把这个字写了出来，写了几遍后，他终于熟练了。他也不掉眼泪了。

吃过晚饭，他开心地看动画片，玩电动汽车，刚才的不愉快一扫而空。

曾经遇到过很多父母，他们说到孩子不听话，很生气地说："这么一点点事情，偏偏做不好，真让人烦恼！"

再一问是什么事情，无非是穿衣不整齐，床铺凌乱，文具落在家里，写字丢笔画，画的人物少了耳朵，等等。

孩子真的是不认真、不听话吗？其实不完全如此。在父母眼里十分简单的事情，对于还在成长中的孩子，却是一个挑战。心理学家发现，正处于上学前后这个年龄段的孩子，他们的思维还很不成熟，大脑的发育还不够，记忆能力不够完善，身体的能力有限，还无法长时间地保持专注。在做一些复杂事情的时候，他们可能会疏漏、遗忘。这种情况需要通过多次练习才能够加以改变。很多时候，父母认为孩子是在故意敷衍，但实际上是他们还不知道怎样去做一件事情，没有完全掌握独立做事的能力。

这个时候，父母要有耐心，不要急着责备他们。虽然父母也很忙，每天有很多事情要做，看到孩子不听话，会发脾气，但如果在这个时候，多花点时间帮助他们把好习惯养成，以后就会省很多力气。

遇到这种情况，父母可以检查孩子的每一个细节，比如衣服穿得不整齐，是哪颗扣子扣歪了；床铺凌乱，那么枕头、被子该放在什么位置；文具落在家里，可以在每天离开家门之前，与孩子一起检查一次；字写得歪歪扭扭、写错字，是哪一个笔画没写好……经过一段时间的练习之后，孩子就会记住，下次就会知道该怎么做。

孩子的大脑和身体的成长需要一个过程，要经过不断的强化、练习，才能够形成稳定的神经反射。如果我们急于求成，就会打断这个过程，在我们的责备之下，孩子会感到委屈，以哭、闹或者逃避的方式应对。

所以，发现孩子不听话的时候，不要急着责备孩子。要仔细地询问，观察孩子到底哪里没做好，帮助他们一点点地完成，直到他们能够自己独立做到。

坚持下去，好的习惯就会养成。

⑦ 不听话，是因为孩子的自律性差

孩子不听话，有时是因为他们的自律性差，缺乏毅力和耐心。

父母要意识到一点：孩子的性格还不够稳定，心态还远没有成熟，在做事情的时候，遇到困难，有畏惧、逃避的心理在所难免。但人们常说："胜利往往产生于再坚持一下。"这个时候，应该鼓励孩子继续努力，坚持下去，直到把事情做好，久而久之，就会养成好习惯。

每天早上我都会要求萌萌六点半起床，到楼下与我一起活动二十分钟。早上空气新鲜，可以跑步，还有单杠、跷跷板、蹬力器等健身设备。每天坚持锻炼，可以促进身体发育，在一天的学习、生活中保持专注。只要不是刮风下雨，我都会按时把他叫醒，下楼锻炼。

有一天早上，天气有点阴。我又像往常一样，来到萌萌的床边，用一只玩具熊毛茸茸的脚在他的脸上蹭啊蹭，他很快就醒了。但他没有像往常一样马上起床穿衣，他扫了一眼窗外，翻了个身，把被子蒙在头上，对我说："别烦我了，今天下雨，我不想去了。"

我看了看窗外，只是天阴多云，没有下雨。

我对他说："没下雨，快起来吧，再不起来太阳要晒屁股了。"

他还是不肯起床，从被子里抛来一句："我病了，今天我不想跑步了。"

"哦？是吗？"我有些惊讶，昨天晚上还好好的，玩遥控汽车一直玩到很晚，在我的反复催促之下才上床睡觉，一点没有生病的样子。

我把手伸进被子里，摸了摸他的额头，没有发热的迹象，我问他："哪里不舒服啊？"

这次他说实话了："我累，不想跑了。"

我知道：他是想偷懒了。

看到他不情愿的样子，我又不能强迫他起床。但如果不下楼锻炼，长期以来养成的健身习惯就会被打破，甚至半途而废。怎么办呢？

我想了想，有了办法。我对他说："每天都锻炼，我也理解你是累的，但是如果不坚持锻炼，身体就不会变得强壮。你将来不是想成为乒乓球运动员吗？如果每天都不锻炼，怎么能成功呢？要不你再睡十分钟，我们再下楼？"

听到我放宽了条件，他虽然不太情愿，但还是勉强答应了。

十分钟之后，虽然还是有些不情愿，但他也不愿意违背刚才的承诺，爬起身来，与我一起到楼下锻炼。

由于时间有限，这一天的锻炼只进行了十分钟，只在小区里散散步。但毕竟养成的习惯坚持下来了。

第二天早上，他没再偷懒，而是按时起床锻炼。这样，长期形成的习惯又延续下去了。

为了让他能够坚持下去，我还很注意经常地鼓励他，比如：

"你又长高了。"

"你跑得更快了。"

"你今天的立定跳远比以前跳得更远了。"

……

有了这样的鼓励，他对每天的锻炼也更有兴趣了，还在学校的运动会上取得了好成绩。

亲子
课堂

即使作为成年人，我们也会有畏难的时候。孩子的心理还不成熟，性格还不完善，当我们向他们提出种种要求，日复一日地重复一件单调、枯燥的事情的时候，他们难免会产生厌倦心理。这时，不要着急，他们的这种心态是正常的。

每一个好习惯都是一个单一、重复的行为序列。每天都要准时睡觉、起床，每天都要把被子叠好，每天都要按时上学、听老师讲课，每天都要练字、写作业……这些事情虽然看上去很简单，却需要大量的练习，都需要保持专注，付出大量的体力、精力，这对孩子来说是一个不小的考验。

不少父母一看到孩子偷懒，就急着责备他们：

"让你练几个字，都写得歪歪扭扭的，将来还能干什么？"

"你再不好好写作业，将来就只能讨饭去。"

"看你画的画，都是什么呀？猫在上面扒拉几下都比你强，这样下去做什么都不成。"

……

这是不对的。我们要考虑到孩子的性格特点，发现他们有畏难、偷懒的心态时，要鼓励他们，帮助他们坚持下去。

父母和孩子一起去做，做他们的榜样

当孩子的手帕洗得不干净，锻炼身体偷懒，解不出题、写错字时，父母可以和他们一起去做。与他们一起洗手帕，帮助他们多加一点肥皂、揉搓，与他们一起散步、跑步，与他们一起看看题目的要求是什么，用哪些步骤才能够解出来，与他们一起一笔一画地把每一个字写好，等等。有了父母作为榜样，孩子就会增加信心，减少畏难情绪。

多用一些激励性的话语

少挖苦、打击孩子。每个人都有着天然的积极向上的天性，多鼓励孩子，他们会更愿意努力，对孩子这样说：

"你真行，做得很好！"

"再坚持一下，你就能够成功了！"

"不要放弃，有爸爸妈妈在旁边呢。"

······

给孩子讲那些成功的故事

父母可以多给孩子讲一些成功的励志故事，比如爱迪生百折不挠，终于发明了电灯；爱因斯坦做了三次，才成功地做出一个有模有样的小板凳；贝多芬虽然耳聋，但仍然坚持作曲，写出许多优秀的交响乐，等等。通过这些故事，孩子会受到激励，鼓起勇气，克服困难。

受到我们的鼓励，孩子就会变得有信心，愿意付出努力，坚持做下去，加强自律性，直到养成好习惯，受益终生。

❽ 不听话，是因为孩子变得"逆反"

孩子十分依赖我们，但随着他们身体和心理的成长，又会变得"叛逆"。

他们像一只刚刚学会走路的小鹿，迈出蹒跚的脚步，用好奇的目光注视着这个世界。他们时刻眷恋父母，不能离开父母的保护，但又渴望探索生活。他们会时不时地自己做出一些决定，违反我们的要求，不再那么听话。

在这时，父母应该发现他们这种成长的需求，在保护他们的同时，又要鼓励他们去探索，引导他们学会更多的知识与技能。

孩子在这个年龄会尝试着自己做出许多决定，出乎父母的意料。

萌萌七岁的时候，有一天早上，吃过早饭之后，到了上学的时间了。与往常不一样，他不是穿好衣服、背上书包、坐在沙发上等着我，而是磨磨蹭蹭的，一会儿拿起故事书翻几页，一会儿跑到镜子前照一下，就是不肯背起书包，像往常一样等我送他上学，让我很奇怪。

眼看着上学的时间快到了，我收拾好东西，催促他："萌萌，快点背好书包，再不抓紧，上学要迟到了。"

这时，他突然对我说："今天我可以自己去上学吗？"

这样的话让我很惊讶，因为这是他头一次提出这样的要求。以前可都是依偎在我身边，乖乖地和我一起到学校去。

我没理他，只是要求他抓紧时间。他也不再坚持，背起书包，跟着我走出家门。学校离家有十分钟的路程。但是一路上，他不像以前那样紧紧地傍在我身边，而是刻意跟我保持着几步的距离。

学校门口有一条马路，穿过人行横道上的斑马线才能来到学校大门口。每当这时，为了尽快通过斑马线，我都会抱起他来，快步地走过去。

来到人行横道前，我想抱起他，他却躲开了，不让我抱。我有些奇怪，但也没有勉强，只是催促着他紧跟着我快点走过去。马路上车流滚滚，我牵着他的手过了斑马线，松了一口气。不过我有些好奇，就问："今天你为什么不让我抱呢？"

他扭捏着说："我长大了，你总抱着我上学，让老师看到了都笑话我。我昨天看了一本故事书，里面说了：一个人长大了，就要自己的事情自己做，不能总让别人代替。"

这样的话让我既惊讶，又感动。

但再仔细想想，难道这不是很合理吗？孩子的独立性在萌发，他们眷恋着我们，但又渴望着更大、更宽广的世界，有自己的想法是再自然不过的事。

可是，他们又是那样的脆弱，又怎么能离开我们呢？

　　在生活中，我们可以看到孩子释放出的许多要求"独立"的信号。他们会要求你在进他们的房间时要敲门；当你去拿他们的物品时，他们会很不高兴，告诉你不要乱碰他们的东西；对你热情的拥抱表现得很不耐烦，甚至躲开；他们会很刻意自己去挑选礼物，对你为他们挑选的毫无兴趣……这都是他们在试图自己做出选择。

　　对你的种种要求，他们会有一种本能的"反抗"。因为他们下意识地觉得，你的要求让他们感到失去了自由！

　　但父母不要着急，孩子的这些举动都是正常的，也是他们走向生活、走向独立的开始，他们在尝试着做出自己的选择，看看有没有更多的可能，而这种"叛逆"的举动，将会越来越多。

面对孩子这种独立性的成长时，父母应该适应他们成长的要求，在一定程度上允许他们自主地选择。

比如当他们不满意你送的礼物时，可以带着他们到商店，询问他们喜欢哪一种颜色和样式的礼物，让他们自己挑选。

当他们不愿意接受你的拥抱时，你可以减少拥抱的次数，选择牵手、拍拍他们的肩膀，来表示亲密。

比如当你拿起他们的玩具、故事书时，可以征求他们的意见："我可以用一下你的玩具，看一本你的故事书吗？"

如果我们忽视孩子的这些独立性的要求，不去考虑他们内心的感受，只是一味地要求他们服从，他们就会产生反感，与我们产生对抗。

这种尊重十分重要，一种好习惯的养成要花大量的时间，需要单调、反复地练习，这往往会引起孩子的反抗。

当我们对孩子提出种种要求时，他们往往是不愿意服从的。我们要意识到孩子这种反抗的天性，不能太心急地强迫他们一下子做到。要尊重他们的天性，给他们选择的机会，用道理去说服他们，这样他们才乐于接受。我们要发现孩子这种独立性的萌芽，引导他们选择正确的道路。

9 不听话，是因为我们的教育方式不对

父母都希望孩子健康快乐地成长，将来成为一名有用的人才。但很多时候，可能是因为我们的教育方式不对，导致孩子不听话。

一位母亲，她非常爱孩子。她对我说：她从小的家庭条件不好，有兄弟姐妹好几个，父母忙着打工赚钱，很少有时间照顾他们。别人家的孩子能够学钢琴、学画画、学书法，她放了学却只能在家里烧火做饭，看到别人家的孩子弹琴唱歌，画出漂亮的画，写出好看的字，她十分羡慕。现在，她的经济条件改善了，也有了自己的女儿，她可不想让孩子重蹈覆辙。

于是，她花了大价钱给孩子买了钢琴，请了最好的钢琴老师；给孩子报了国画班、书法班，还有演讲口才班、英语班。孩子一放学，她就开着车，带着孩子穿行在不同的辅导班之间。

但是，很快她发现，孩子对这些辅导班大都没兴趣。该上钢琴课了，老师讲过了基本的乐理，做了演示，要女儿弹，女儿就用一个手指在琴键上面敲；上口才班了，别的孩子都争相发言、大胆表达，她的女儿却坐在角落里一声不吭；唯一感兴趣的就是国画，因为可以拿着毛笔在宣纸上乱涂，学了半个学期，别的孩子都画得有模有样，只有她的女儿还是画得乱糟糟的。

这位母亲非常苦恼。她对孩子吼过，但孩子哭过之后，还是老样子。她也尝试着给孩子讲道理，讲自己从前的很多经历，说自己小的时候如何艰苦，没有机会学这些，可是女儿却问："妈妈，那外公为什么不管你呢？他是不是不爱你呢？"

父母在教育孩子的时候，往往急于把自己的爱、把自己的人生道理教给他们，却忽视了方式，结果欲速则不达。

比如恐吓孩子。

为了让孩子听话，总是用很大的声音对孩子说话，对孩子吼叫，有的时候还体罚，以为这样就能够吓住孩子。

比如过于溺爱。

不管孩子要什么都答应，对他们的要求毫无节制地满足，以为这样就是对孩子最好的培养。

比如不停说教。

为了让孩子听话，每天都在不停地劝说，无时无刻地不在讲那些大道理，根本没有考虑孩子的接受能力，其实孩子根本没听进去。

总是批评否定孩子。

每发现孩子一个小小的错误，就批评指责他们，以为这样能够让孩子进步，其实，这样做只会打消孩子的积极性，让孩子失去信心。

……

亲子
课堂

当我们在责备孩子不听话的时候，也要反思自己的教育方式，是不是在很多方面你做得也不好呢？

很多父母都很忙碌，没有太多的时间陪孩子，对孩子的教育也是希望尽快地见效果，采取了一些简单粗暴的方式，结果发现，不但没有起到作用，反而让孩子与我们疏远了。

教育孩子需要有一些耐心，孩子在上学前后的这个年龄段是非常关键的，他们要离开家门，走向学校，接触一个全新的天地，要学习更多的知识和生活技能。在这个时期如果能够养成一些好习惯，对他们将来的学习成长至关重要。如果现在的生活缺乏规律，学习缺乏专注力，做事没有耐心、不能持之以恒，以后就会有越来越多的问题让人烦恼。

所以，我们要改变自己的教育方式。

要去了解孩子

知道孩子面临的困难是什么，知道他们在学习和生活中遇到了哪些难题，就可以适时地帮助解决。

既要给孩子爱，也要向他们提出约束

既不能无休止地满足孩子的要求，也不能对他们置之不理。在满足了他们的种种要求之后，要向他们提出约束，要他们改变。

要给孩子制订合适的目标

教育孩子不可能一蹴而就，父母不要想着一下子就实现宏大的目标。要给孩子提出现实的目标，渐进地去实现。比如对于前面那位急于求成的妈妈，她给孩子制订了太多的目标，孩子一下子承受不了，只能以消极的态度对待。我给她提出建议：可以减少辅导班的数量，因为这已经超出了孩子能够承受的范围。孩子既然对国画有兴趣，不如就把精力放在画画上，等在这方面有所提高之后，再考虑其他。

这位妈妈听从了我的建议，减少了孩子的辅导班，让孩子集中精力学国画。为了鼓励孩子投入进去，她亲自与孩子一起学习，与孩子一起琢磨每一种画的画法，比如牵牛花、松树、葡萄、小鸟等，每一笔是怎样画

的、颜料的深浅是怎样的。两个人一起研究，相互鼓励，结果孩子的兴趣提高了，绘画的技能进步很快，这位母亲也学到了很多画画的技巧。

在这个过程中，她不再对孩子吼叫，而是积极地鼓励孩子，每当孩子有一笔画得很好时，她就说："你画得很好！""有进步！"孩子的信心得到了提升，对画画更有兴趣了。这样，不仅母女关系得到了缓和，孩子也变得专注、认真。

要鼓励孩子

小草得到阳光的照耀就会成长，花朵得到雨露的滋润就会开放。要用积极的话语去鼓励孩子，让他们增加信心。

有一位教育家说过："每一个孩子都是一块未经雕琢的美玉，而父母就是最早、最有用的玉师。"有了父母的精心培养，孩子才能变得聪明、可爱，养成好习惯，性格完善，健康成长。所以，我们要反思自己，用更好的方法去培养他们。

❿ 好习惯的培养是一个渐进的过程，父母要有耐心

培养孩子是一个漫长的过程。

很多父母，每天工作已经很累了，晚上回到家里，还要烧饭、做家务，还

要陪孩子玩，辅导他们功课，这一切都让父母们十分疲惫。

他们抱怨："我已经尽力了，可是，孩子还是不听话。"

但你要记住一点：孩子在上学前后的这个年龄段是十分关键的。在这个年龄段，他们刚刚摆脱毫不懂事的幼儿期，开始形成自己的想法，能够在一定程度上独立地生活。他们要走向学校，在那里，学习更多的知识，提高自己的能力。如果在这个年龄段我们能够帮助他们养成一些好习惯，对于他们以后的成长十分重要。

实际上，孩子在小学，在初中、高中，甚至在成年以后产生的许多问题，都与从小养成的习惯有关。

经常会遇到那些父母，他们的孩子上了初中、高中，仍旧生活懒散，自己的事情都做不好，写作业需要父母监督，做事不用心、不专注，无法独立学习，但在那个年龄段，他们的思维、行为已经固定下来，很难跟得上学习和生活的节奏。

曾经遇到一位母亲，她的儿子上高中了，正是学业繁忙的时候，可是她特别着急，为什么呢？

原来，孩子在上小学和初中的时候，学校的课程都是这位母亲能够看懂的，每天放学之后，她都会辅导孩子一起写作业。如果遇到问题，她能够帮着解答。她陪着孩子练字、解数学题、背单词……孩子已经对她养成了依赖，只有她在身边，才能专心地写作业，遇到不会的问题，都等着母亲给一个答案，很少自己主动去想。可是，到了高中，很多课程都是这位母亲所不熟悉的，她无法辅导功课。每天晚上，孩子放学回来，吃过晚饭，和从前一样，坐在桌子旁边。但在这时，她发现孩子经常坐在那里磨蹭、发呆，一晚上也做不了什么。问孩子是什么情况，孩子说："这些作业我写不出来。"

母亲十分着急。但是，孩子从小就养成了依赖的习惯，没了她的帮助，就不知道怎么去看书、写作业，结果很难跟得上学校的节奏。

设想，如果这位母亲在孩子小的时候就培养他主动思考、学习的习惯，这

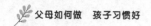

种情况是不是就能避免发生？

就好像一棵小树，在最初成长的时候，我们没有帮助它扶正，它就可能长得歪歪扭扭。

所以，千万不要因为孩子的顽皮、淘气就感到灰心，也不要因为自己的繁忙而忽视了对孩子的教育，他们刚刚走上生活的道路，在这个时间最需要你的培育。在这个时候，帮助他们养成一些好习惯，将会成为他们一生的珍宝。

要培养孩子遵守时间的习惯

做任何事情都要有时间意识，到了规定的时间，就做规定的事情。该起床时就起床，该睡觉时就睡觉，该写作业时就写作业……坚持下去，养成习惯，孩子就会变得自律、有效率，不管做什么事情都不拖沓、有成果。

要培养孩子自主学习的习惯

父母不可能永远都陪着孩子，在将来，有更多的事情需要他们自己去思考，去寻找解决的办法。所以，凡事要学会思考，多问为什么，发现其中的窍门，举一反三、触类旁通，这样，他们在以后才能应对复杂的学习和生活。

要培养孩子独立动手的习惯

孩子能够自己做的事情，应该尽量让他们自己完成。父母可以提供帮助，但不能总是代替他们去做。这样他们才能够胜任将来的挑战。

要培养孩子专注、认真的习惯

做任何事情都需要专注、认真、仔细，把每一个环节做好，连起来，才能够做一件完整的事，将来才能够做大事。生活中应该培养孩子做事不分心的好习惯，将来才能成功。

要培养孩子坚持、有恒心的好习惯

做任何事情都不可能一蹴而就，遇到困难是很正常的。遇到困难要想着再坚持一下，积极地想办法去解决问题，有了这样的心态，才能够取得成功。

要培养孩子爱沟通表达的好习惯

提高孩子的语言表达能力，能够和别人沟通、相互理解。这样他们将来在独自面对生活的时候，就知道怎样和别人相互合作，这对他们的成长会非常有好处。

要培养孩子锻炼身体的好习惯

让孩子有一个健康的身体，才能够应对生活和学习的挑战。

父母要意识到一点，任何一件事情都需要不断的坚持才能够有收获。在培养孩子好习惯的时候，一开始，他们不适应你的要求，觉得枯燥、乏味，很难坚持下去。在这时，父母要有耐心，督促、鼓励他们做好，不断坚持，直到形成内在的需求，这时他们就会自发地去完成。这时，父母也会得到解放，不用再每天不停地对孩子唠叨、吼叫。

这不正是我们所希望的吗？

所以，父母一定要有耐心。今天用耐心去培养孩子的好习惯，收获的是明天的幸福和成功。培养孩子的好习惯，对孩子的一生都是一笔宝贵的财富。

第 二 章

教育孩子的关键——
在爱与管之间把握好平衡

❶ 对孩子既要爱，也要管

　　培养孩子就像培育一棵小树苗，你要用正确的方式去浇水、施肥。水分与肥料既不能太少，也不能太多。缺少营养它就会发育不良，但无度地浇水、施肥，就会让它承受不了，同样会萎靡。

　　教育孩子的关键，就是在爱与管之间把握好平衡。要用爱去关心他们、温暖他们，孩子才会变得听话，信任我们，愿意与我们一起努力；又要用必要的规则去约束他们，有了规则，孩子才会变得自律、认真，不再任性、逃避，养成各种好习惯，健康地成长。

　　许多父母，在培养孩子时走向了两个极端。一方面，为了让孩子尽快地成长，从孩子刚刚能够说话、走路时，就给他们买各种识字课本、故事书、益智玩具，教他们背诗词、背单词。在刚到上学的年纪，给他们报了各种辅导班，音乐、美术、体育、演讲朗读……孩子需要什么，他们就会尽量给他们买，包括孩子喜欢的食品、服装、玩具……

　　另一方面，当发现孩子没有达到自己的期望时，他们又很着急。他们把孩子简单地理解为一块可以供人随意拿捏的橡皮泥，把自己的要求一股脑地加到孩子身上，希望马上就把他们"捏"成自己希望的样子，但随后发现这样行不通。孩子会推脱、逃避，甚至叛逆。在这时，父母们变得很着急，会对孩子吼，但孩子仍然不听话，结果冲突越来越激烈。

　　这都是由于我们错误地教育孩子的方式引起的。

　　培养孩子既不能无度地付出，也不能一味地苛求。要在爱与约束之间做好平衡。

　　曾经遇到一对父母，他们因为教育孩子的事情前来求助。

　　男孩刚上一年级。到了学期末，马上就要期末考试了。孩子的成绩一直不太好，平时写作业磨蹭，总是不能按时完成。爸爸很担心这次又考不好，就在百忙中抽出时间，在考试前一天的晚上陪孩子做考前复习。

这位爸爸工作很忙，经常要出差、加班，平时是从来没有时间管孩子的，但在这个晚上，他一定要这样做，因为他想尽到做父亲的责任。他坐在孩子旁边，看着孩子一个字一个字地写。但他发现，孩子写字很慢，写一行字要好长时间，很多字还不会。他急了，对着孩子大声斥责："怎么写得这么慢？这么几个字，要写十分钟。"

妈妈听到斥责声赶来，试图阻止。爸爸不理。为了不让妈妈阻止他教育孩子，他把妈妈锁在门外，然后继续大声训斥。孩子哭闹，他就拳脚相加。孩子哭号着直躲："求求你，不要打我，我想找妈妈！"

父亲听到孩子向妈妈求救，打开房门，又开始斥责妈妈："都是你平时宠的，看都把他惯成什么样子？一点都不知道上进，想怎样就怎样！"

看到父子吵架，妈妈的心都碎了，她不知道该怎么办。

那么，这个家庭的真实情况是怎样的呢？

实际上，在这个家庭里，父母对孩子的教育是两个极端。妈妈对儿子是十分宠爱的，对于儿子的要求总是极力满足，孩子的事情，即使是一些简单的事情，比如洗手帕、整理床铺等，她也会代劳。爸爸则是另外一个极端，他平时工作很忙，很少有时间教育孩子，性格也比较严肃，平时很少对孩子露出笑脸，也很少沟通。孩子有什么要求，比如要他带着出去玩一次，他也大都以工作忙为由忽视，孩子很怕他。

在这样两种极端的教育方式下，孩子的性格变得很特殊。在母亲面前，他是任性的，天真可爱，自由自在，喜欢撒娇。在父亲面前，他是畏惧的，总是躲着父亲，看到父亲，马上就会变得小心翼翼。但又任性、叛逆，虽然经常被父亲训斥，但从来没把父亲的话当回事。

就这样，在考试前一天的晚上，发生了前面的事。当父亲试图管教孩子时，遇到了孩子激烈的反抗。

从这个家庭的经历中我们可以得到什么经验教训呢？

　　一味地爱，孩子会变得任性。对于他们的要求，不管是否合理，父母都尽量满足，渐渐地他们就会变得不知约束，想干什么就干什么。但如果只有约束，孩子又会变得迷茫。因为他们一时无法理解那么多的条条框框，他们自由的天性很难一下子接受这么多，当你冲他们大声吼叫时，他们就会变得不知所措，与你抗争。

　　所以，父母一定要注意：培养孩子是一个渐进的过程，不能一下子就把所有的爱都给他们，那会让他们觉得来得太容易。但也不能太苛刻，一下给他们加上太多的要求，稍微有一点错误就严厉地批评，这会让他们感到窒息。

　　在爱与管之间把握好平衡，既要付出爱，也要有约束，让孩子在这样的过程中懂得努力，养成各种好习惯，这样他们才能应对将来生活的挑战。

　　人们常说，"滴水汇成大江，碎石堆成海岛。"我们无法让孩子一下子就变成一个完美的人，却可以让孩子在实现一个个小目标的过程中去改变，变得专注、认真。

　　在生活中要不断地给孩子设定一个小小的目标。每一次认真地洗好自己的手帕；每一次顺利地按时上床休息；每一次克服懒惰的心理，起床锻炼；每一次控制住自己的贪玩，安静地回到书桌前写作业；每一次在走进学校的大门口时，大方地向老师、小朋友打招呼；每一次在课堂上勇敢地举手，回答老师的提问……每次做到这些，都是一个进步，孩子就是在实现这样的小目标中不断地成长。就好像爬山一样，虽然远处的山峰看起来遥不可及，但不必想得那么远，先对孩子说："我们要先爬上最近的那个小山峰。"然后快乐地去做，相互鼓励，激发信心，继续下去，不断地进步，就可以爬上最高的山峰，获得成功。

在生活中帮助孩子去实现这些小目标，日积月累，他们就会把这些行为固定下来，养成各种好习惯，变得认真、专注，有耐心，有毅力。他们的性格就会越来越完善，能力也会越来越强，减少对我们的依赖，直到最终成为能够独立生活的人。

设定这样的小目标，不仅是在调动孩子，也是在调动我们自己。在这个过程中，我们的生活也会变得丰富、有趣。我们将在这本书里探讨这些技巧，请父母们一起加入这个过程！

❷ 付出爱的同时，要让孩子学会劳动

父母在付出爱的同时，要让孩子积极地参与家庭劳动，让他们懂得生活的来之不易，要靠自己的努力去创造生活。

孩子最终要走上独立生活的道路——几乎每一位父母都明白这样的道理。他们平时总是侃侃而谈：人长大了应该独立，每个人都要努力。但等到真正实

施的时候，却觉得："孩子还小，哪能承担那么多的责任呢？有什么事情由我代劳就好了。"于是，在不知不觉之中，他们把孩子的事情尽量代劳，帮孩子穿衣、给孩子喂饭、甚至替孩子写作业……

在这样的过程中，孩子形成了一种坏的心态："只要我想要的，总会轻易地得到。""不管有什么事情都会有别人替我去做的。"他们就不愿意自己努力。

这样，当父母向他们提出要求，要他们遵守规定，养成各种好习惯时，孩子就会很难接受。这时，父母们的苦恼就来了，因为长期以来形成推脱、等靠心理，你会发现孩子很难管教。

所以，我们要让孩子从小就懂得："一分耕耘，一分收获。"

曾经遇到这样一对父母，他们的孩子六岁了，在幼儿园上大班，马上就要到上小学的年纪了。孩子长得活泼、健康、强壮，能背几十首古诗，几百个单词，父母都很高兴。但是父母发现，孩子的性格越来越任性，在幼儿园里，经常被老师找家长。老师对他们说：孩子在学校里不听话，吃饭的时候浪费食物，不听老师的批评，上课的时候还不肯安静地坐下来写字、做手工。

具体地说：孩子总是挑幼儿园的食物不好吃，孩子喜欢吃鱼，但是幼儿园出于安全的考虑，很少给学生提供鱼吃。孩子就不高兴，吃饭的时候，把青菜挑出来，扔到桌子上，只把肉吃掉了。还一下要了好多米饭，吃不了再扔掉，造成了浪费。老师批评他，他说："我就是不喜欢吃，这些不好吃嘛！"

上课了，别的小朋友都能坐下来写字、做手工，他坐不住，满地跑，一会看看别的小朋友在做什么，一会到窗户边看看教室里养的花长大了没有。当老师要他回到座位上时，他说："我不喜欢写字和做手工。"

孩子马上就要到上学的年纪，如果这样下去，势必会影响以后的学校生活。

那么，到底是怎么回事呢？

原来，孩子一直是由爷爷奶奶带大的，是家里唯一的孩子，两位长辈对孩子十分宠爱。只要是他想要的，都会尽量给他买，不管孩子有什么事情都要代劳，孩子的穿衣、洗脸、整理床铺等日常事情都代替去做，从不拒绝。孩子得来的太容易，已经养成了坏习惯，稍微有些不如意，就会对两位长辈发脾气，他觉得："凡是我想要的，就应该给我。""谁约束我都不行。"这样，在幼儿园里，他面对自己不喜欢的食物毫不珍惜，还不接受老师的批评，随心所欲，在课堂上无法安静地坐下来。

我们培养孩子的好习惯，就是要让他们学会一些生活的技能，懂得只有经过自己的努力才能够创造生活，这样，在将来独自面对生活的挑战时才能够胜任。如果不能养成这些好习惯，当他们独自走上生活的道路时，势必很难应对。父母要让孩子懂得生活的来之不易，任何幸福的生活都是靠自己的努力一点一滴去创造的，这样他们才会珍惜，才会愿意去努力。

有很多办法可以让孩子懂得珍惜。比如：

和孩子一起做家务

在打扫卫生的时候，父母整理大的房间，孩子整理自己的小房间。把书桌上的文具摆放整齐，把桌子擦干净，把被褥叠放整齐，把地板擦干净，等等。在付出辛苦的劳动之后，孩子看到整齐的房间，就会体会到收获的喜悦和劳动的不易，会懂得珍惜，爱护房间的整洁。

与孩子一起种下一株植物

与孩子一起种下一株植物，一起浇水、施肥、剪枝，观察它是怎样发芽、长出枝叶、开花与结果的。随着植物的成长，孩子也会明白劳动与收获的道理。也可以养一只小动物，每天督促孩子给它喂食，为动物洗澡、打扫粪便，让孩子明白，只有每天照顾它们，它们才能够健康地成长。

让孩子明白每一件事情都需要付出

在孩子提出要求去买一个他们喜欢的汽车模型、布娃娃时，父母可以给他们讲述这样的玩具是经过工厂里叔叔阿姨的辛苦劳动制造出来的，造这样一个玩具需要很长时间、很多付出，孩子就会明白它的来之不易。

可以带着孩子一起记账

父母在记录家庭开销的时候，让孩子参与进来，让他们知道一家人的生活支出是怎样的。还可以让孩子把自己的开销单独记一下。这样，他们就会知道生活中的每一样花销都是由父母的劳动得来的。

鼓励孩子的劳动

如在厨房里，孩子给妈妈"帮厨"，用小手洗了一把青菜，虽然弄了一地的水，但在这时要鼓励他们："做得真好，晚饭我们就有好吃的青菜了！"有了这样的鼓励，孩子就会感到自己的付出有了回报。每当孩子认真地做好一件事情的时候，要鼓励他们，下次他们就愿意努力。

归根到底，是要让孩子明白，任何事情都要经过艰苦的努力才能做好。这样，他们就会乐于接受你的那些要求，坚持努力，直到养成好习惯，学到新的技能，这对于他们的成长十分有好处。

❸ 付出爱的同时，让孩子耐心、坚持做好每一件小事

要想做大事，就要首先把小事做好。父母要培养孩子的耐心，从小事积累，提高能力，为将来做好准备。

我国古代有一个"牛角挂书"的故事。李密小的时候因为家里穷，被派在隋炀帝的宫廷里当侍卫。他聪明机敏，在值班的时候，左顾右盼，被隋炀帝发现了，认为这孩子不大老实，就罢免了他的差使。李密并不懊丧，回家以后，发奋读书，立志要做一个有学问的人。

一次，一位朋友邀请李密去家里玩。李密正在看《汉书》，有一段话没看明白。他骑了一条牛出门上路。在路上，他始终惦记着这件事，就把《汉书》挂在牛角上，一边骑牛一边揣摩那段话，专注于学习，连旁边有人走过都没看到。等到了朋友家里，他也把这段话看懂了。这就是"牛角挂书"的故事。

生活中的事情往往很难一下就能做到，即使是十分简单的事情，也需要耐心地去做。比如孩子穿衣、扣扣子，要首先把衣服左右对齐，然后对准扣眼，从上到下一个一个依次扣好，如果有一处没对准，衣服就会穿得歪歪扭

扭；又比如孩子学画画，每一张画如何构图，先画哪一笔，后画哪一笔，先上什么颜色，后上什么颜色，都是有要求的，如果随意地画，只会画得乱糟糟一团。

父母要有意地督促孩子做好每一件小事，在这个过程中去培养他们认真、仔细的性格，提高他们的能力。

一位妈妈对我说："真是发愁，我的小儿子一点耐心都没有。"

她的小儿子五岁了，正在上幼儿园，长得健康可爱，惹人喜欢，但就是没有耐心，经常发脾气。

孩子喜欢玩积木，经常是一个人把一大盒积木倒在地上，然后把它们垒成自己喜欢的房屋、农场模型。有的时候，因为底层的积木安放得不牢固，垒高了以后，摇摇晃晃的，结果一下塌了一大片，这时，他就会在地板上满地打滚，把剩下的模型都推倒。

在看电视的时候，如果是自己喜欢的动画片，他就会看得十分认真，如果看到中间插播的广告，就会生气，指着屏幕说："怎么还不演完？"如果妈妈不理他，他就会大哭，好像自己的哭就能够让这些广告停止一样。

看书、写字也是，经常是一个字写了几笔，就觉得自己会了，不想再写，扔下笔，跑去玩玩具。妈妈检查他是否真的会了，让他默写，结果不是丢偏旁，就是写错笔画。

妈妈很是发愁，不理解为什么孩子这么没耐心。

孩子将来要独自面对学习和生活的挑战，需要从小培养耐心，掌握技能。

亲子课堂

一个人的耐心是可以培养的。

让孩子明白做任何一件事情，都需要按步骤完成

任何一件事情都是要经过一个个小的步骤才能够完成。要培养孩子把这些小步骤做好的习惯。例如孩子在写字的时候，发现孩子不认真、没耐心，这时你可告诉孩子："写字需要一笔一画地写，就好像爬楼梯一样，踩上前一级，才能到下一级。"要孩子把每一个笔画按顺序写好，串联起来，就可以写出一个个漂亮的字。

任何事情都是一样的，从十分简单的事情，如穿衣、整理房间、刷牙、洗菜，到难一点的看书、写字……将来做大的事情，都是如此。培养孩子的耐心，一步步把事情做好，将来他们才能够成功。

与孩子一起完成一件复杂的事情

如果是比较难的事情，父母可以与孩子一起完成。比如父母给孩子买了一辆遥控电动汽车，遥控器上有好几个键，这样的玩具对于小孩子来说是有一定难度的。如果孩子不会使用，就会把电动车在房间里开得东冲西撞。这时，父母可以坐下来，与孩子一起学习如何操控这辆电动车。去试验每一个按键的功能，是控制前后，还是控制刹车或者转向等。等到每一个按键的功能都熟悉了，再串起来，孩子就可以熟练地玩耍了。

对于孩子无法一个人完成的事情，父母应该坐下来和他们一起去做，这对培养他们的耐心很有好处。

与孩子一起等待，度过难熬的时间

孩子缺乏耐心，不能等待，一遇到挫折就大哭大闹。这时，要让他

们学会等待。例如对于前面那位妈妈，她的孩子一看到电视广告就会闹，这时候，妈妈可以坐下来与他一起看电视，对孩子讲："要等待才有更精彩的节目。"在这段时间，可以与孩子说一会儿话，给他讲个故事，让这段时间慢慢过去。等到广告过后、电视节目又开始了，再和孩子讲，什么事都不能急，需要等待才会达到目的，孩子的耐心就会增长。

又例如，妈妈带孩子在超市里买东西，付款时排了很长的队，孩子没有耐心，跑出队列去看自己感兴趣的东西。妈妈怕孩子走散了，很着急，这个时候可以对孩子说："我们一起数前面还有几位叔叔阿姨好不好？"然后和孩子一起去数，每当前面有一个人付好款，就再对孩子说："再数数还有几个人了？"通过这样的办法，与孩子一起等待，孩子的耐心就会增长。

为孩子列出计划，按部就班地做事情

父母要为孩子制订计划：

每天坚持锻炼身体；

每天背一个单词；

每天读一段课文；

每天做一点家务；

每周郊游一次；

每周做一次总结；

每周整理一次自己的房间；

每个月看一场电影；

每个月去一次博物馆；

每个月看一本故事书；

......

把每一天的事情提前安排好，按时完成，坚持下去，就可以培养耐心，健康成长。

虽然孩子还小，但我们应该督促他们做事要耐心，重视每一天，从小事做起。把生活中的每一件小事做好，从小形成严谨、认真的性格，学到知识和技能，将来才能够走向成功。

❹ 父母要帮助孩子养成好习惯，提高能力

父母要让孩子明白，要想将来有幸福的生活，就需要从现在开始日复一日地积累和努力，才可能实现目标。

每天都要按时睡觉和起床，才能保证有充足的精力。

每天锻炼身体，才能让自己更强壮。

每天都要认真地听老师讲课，坚持下去，才能学到知识、提高能力。

每天都能控制看电视的时间，才能集中精力去写好作业，完成学校的学习。

每一次用过玩具后都放回原位，下次使用才不会到处乱找。

每一次洗手帕时都洗得干净，晒干叠好，下次才有整洁的手帕可用。

每天坚持写字、背单词，才能看懂故事书、听懂别人的说话。

每天坚持写好作业，日积月累，才能让知识得到增长。

每天坚持朗读，才能提升自己的表达能力。

每天整理好自己的房间，才能让房间保持整洁。

亲子课堂

　　孩子一开始是不愿意接受这些约束的，他们会故意地逃避，挑战你的权威。这个时候，父母不要着急，要用爱去关心孩子，有了爱，孩子就有了动力，愿意完成那些枯燥、单调的事情。在这个过程中我们要给孩子提出要求，让孩子学会自律，靠自己的努力去完成那些任务。

　　在爱和管之间掌握好尺度，帮助孩子养成各种好习惯，就会让孩子变得认真、听话，学会生活的技能，这对于他们的成长是很有用处的。

第三章

怎样培养孩子的好习惯
——用目标去引导孩子的行为

❶ 有目标才会有进步——父母和孩子都要有目标

做任何事情都要有目标。

纪昌是我国古代一位著名的神箭手。在他居住的村庄附近，有一个青年名叫飞卫。飞卫听别人说纪昌射箭很厉害，就慕名向他求教，问："怎样才能像您那样射得那么准呢？"

纪昌说："你要学会专注，盯紧一个目标，看着它不眨眼，才可以。"飞卫回到家里，躺在妻子的织布机下，看着梭子，目不转睛。又用牛尾巴上的长毛系住一只虱子悬挂在窗口，每天盯着它看，练习自己的专注力。渐渐的，他发现在自己眼里，即使是一些很小的东西都变得十分清晰，这时，他再练习射箭，果然很快就射准了。

这个故事告诉我们，生活中要有目标。有了目标，就有了努力的方向，坚持下去，持之以恒，就能够成功。

孩子也需要有目标。孩子的天性是自由、率性的，他们还不懂得保持专注的道理，这就需要我们教育他们这样去做。

萌萌的班级里有"小红花比赛"。具体地说，就是老师定期把孩子们的作业拿出来进行评比，看谁写得工整，错误少。作业写得最好的那五个人能够得到小红花的奖励。每两个星期评比一次。

开学以后，萌萌在我的督促下，每天都能够认真地写字、做算数题，因此，在前两次评比中都得了小红花。不过，在后面的一段时间里，因为我的工作比较忙，不太有时间关注他写作业，每天晚上都是由他自己去练字、做算数题。结果，一个周末，萌萌回到家里，看上去垂头丧气的样子。一问，他对我说："爸爸，我的小红花被别人得去了！"

原来，缺少了我的监督，萌萌写作业不那么认真了，写字的时候总想着尽快写完，经常写错笔画，字也写得不工整。做加法算数题也经常加错数位。这样，小红花自然就得不到了。

看到他很不开心的样子，我鼓励他："没关系，虽然这次没做好，我们一起努力，把作业认真地写好，下次再把小红花拿回来，好不好？"

萌萌听到我的话，用力地点了点头。

从那天开始，我尽量抽出时间陪他一起写作业。因为很想夺回小红花，有了这个目标，萌萌写字、做算数题的时候更加用心了，把每一个笔画写对、写工整，把每一个数位对齐、再相加。这样，他作业里的错误明显减少了，经常得到老师"优"的批语。

这样，两周之后，在又一次的"小红花"评比中，他又把小红花拿到手了。他十分开心，对我说："我又成功了！"

我们无法要孩子一下就变成自己所期望的样子，却可以在一件件小事中去改变他们。

我们无法让孩子一下子就写出一手漂亮的字，却可以让孩子把每一个笔画写好，横平竖直，整齐规范。

我们无法让孩子一下子就变得作息有规律，却可以让他们在这一天的晚上提早安静下来，准时上床睡觉。

我们无法让孩子一下子变得爱整洁、自律，却可以让他们把自己的手帕洗得干干净净。

……

亲子课堂

父母不要总是想着遥远的将来，要从眼前的小事做起，从小目标开始，把眼前的小事做好，实现了小目标，再积累起来，可以实现大的目标。

生活中，父母和孩子都有要目标。有了目标，就有了努力的方向和动力。心理学家认为，目标对于一个人十分重要，目标是一个人努力的方向，有了目标，你就可以知道自己要做什么。就好像船在大海里航行，有了灯塔的指引，就可以安全、快速地驶向目的地。不仅如此，有了目标，还可以唤醒一个人的动机，让他全身心都处在准备的状态，随时地调动自己，发挥自己的潜能，把事情做好。

我们可以发现，那些生活幸福、事业成功的人，都是认真专注、有目标的人。

有了目标，就可以唤醒自己，让自己沉睡的大脑处于兴奋的状态。

有了目标，就可以发动身体，让自己的身体处于活跃的状态。

有了目标，就可以调动思维，主动地思考，寻找解决问题的办法。

有了目标，就可以调动自己，不断地坚持，直到成功。

生活中，父母应该为自己和孩子设定一个个小目标：

把每一个错字的笔画记住。

把每一个单词的发音记牢。

把一段课文读熟。

把一道算错的加法算数题改正过来。

把没洗干净的手帕再放些洗衣粉，用力搓几下，把它洗干净。

设定闹钟，每天早上按时起床，自己穿衣、整理床铺。

每天上课的时候，安静地坐四十分钟，认真听老师讲课，不分心。

回到家里，能够及时地把这一天的作业写完。

......

　　父母应该为孩子设立一个个小目标，然后鼓励孩子去完成。在这个过程中，观察孩子的行动，协助他们做好。

　　生活就是由这样一件件的小事组成的。把这些小事做好，孩子就会积累信心。日积月累，他们就会学到越来越多的技能，养成许多好习惯，变得听话、懂事，培养独立生活能力。这对于他们的成长十分重要。

❷ "千里之行，始于足下"——从小目标开始

　　任何事情都需要从小事做起。有一个故事叫"一屋不扫，何以扫天下"，说的是从前有一个人，有着很大的志向，立志要处理天下大事，却从不打扫自己的房间，有人问他："你连自己的房间都不打扫，又怎么能够处理天下大事呢？"结果这个人哑口无言。

　　父母都对孩子有着很高的期望，希望他们将来成为有用的人才，如政治家、科学家、医生、工程师、商界领袖……有着一技之长，在一定的领域做出突出的成绩。但如果眼前的小事都做不好，将来又怎么能够做大事呢？

　　我们培养孩子的好习惯，就是要让他们从小形成自律、认真、仔细的态度，把小事做好，这样，他们将来才能做大事，才能够"扫天下"。

曾经遇到过这样一位母亲，她的大儿子今年八岁了，长得强壮、可爱，是家里长辈的"掌中宝"。孩子很喜欢踢足球，一放学，就拿着足球到小区的草坪上和小伙伴们比赛，在这些小伙伴当中，他的身体是最强壮的，技术也是最好的，常常能够轻松地过人、破门得分，是小区里的"孩子王"。孩子很得意，经常对父母说："我长大要成为一名足球运动员，要带领中国队夺取世界冠军！"父母看到他有这样的天分，对足球又是这么热爱，就把他送到了足球训练班，让他接受足球训练。

孩子一开始是十分感兴趣的，他觉得这离自己的理想更近了。每天放学，开心地由爷爷送到训练班去。但是很快他就发现，训练班里都是一些比他大的孩子，甚至有十来岁的，他们的身体也很强壮，而且每天练习，技术比他要强得多。他在这里的比赛中一点都占不到便宜，而且，足球训练是艰苦的，每天都要跑步、压腿、颠球、带球练习……十分枯燥。孩子渐渐地吃不消了。他开始说自己头疼、身体不舒服，不想去了。

父亲问他："你不是想当足球运动员吗？怎么不练了？"

他回答："我是想当足球运动员，可是天天练那些有什么用啊？"

　　孩子由于年纪小，不明白眼前的积累是为了将来做准备。任何复杂的事情都是由眼前的小事一点点积累起来的，如果简单的事都做不好，将来就不可能做更难的事。前面那个男孩子，不明白每天坚持练习，才能够掌握基本的技能，将来才能成为一名优秀的足球运动员。

　　所以，父母要培养孩子从小把小事做好的习惯。

　　生活中的每一件小事都是有用的。

现在按时作息、保证睡眠，可以让将来的生活更有规律、精力充沛。

现在读书写字，是为了提高语言理解能力，将来能够和别人沟通。

现在锻炼身体，是为了提高身体素质，让自己将来有一个强壮的身体。

现在上课认真听讲，是为了学习知识，将来面对生活的挑战。

……

每天都能够把小事做好，养成习惯，就能掌握大量的知识与技能，将来再遇到困难，就知道怎么做。

生活中，父母应该注意观察孩子，帮助他们在小事上改进。

例如，晚上，到了上床的时间，孩子还很兴奋，拿着玩具在房间里跑来跑去，不肯上床睡觉。有的父母就会松懈，觉得孩子喜欢玩就再玩一会吧。但如果每天都如此，孩子反而会养成坏的习惯。那时，你想让他们按时上床睡觉就很难。

这个时候应该及时地督促孩子，对他们说：

"该休息了，再晚，明天上学又要迟到了。"

"玩具可以下次再玩，明天妈妈陪你一起玩好不好？"

"把玩具放在一边，妈妈给你讲个故事好不好？"待孩子安静下来以后，再让他们上床睡觉。

又比如，吃过晚饭以后，孩子抱着遥控器，坐在电视前面，看着动画片，很开心，唯独不肯写作业。父母催促了好几遍，孩子只答应着，眼睛却没离开过电视屏幕。这时，如果你生气地去把电视关掉，强令他们去写作业，等来的很可能是他们的一场号啕大哭。

这时，有的父母可能会心软，心想："不就是这样一件小事吗？今天算了，晚点就晚点吧，明天再按时写作业。"但是你会发现，孩子沉浸在动画片里，心很难收回来。总是如此，即使勉强坐下来写作业，也不专心，字写不好，题算不对。

父母发现孩子在这些小事上不听从自己时，要引导他们，让他们渐渐地放弃错误的行为，回到正确的轨道上来。

你可以坐在孩子的身边，与他们一起看，看看动画片中都发生了什么，与孩子一起讨论动画片的情节。孩子喜欢看动画片往往是因为他们对其中的情节感兴趣。比如在《猫和老鼠》中，猫和老鼠最后谁赢了；在《熊出没》当中，光头强的命运是什么，等等。你可以对孩子说："老鼠杰瑞是很聪明的，他总能想到办法赢了汤姆猫。""光头强霸占森林，熊兄弟一定会想到办法打败他。"然后与孩子一起分析老鼠杰瑞和熊兄弟是怎样赢的。孩子知道了故事的情节，好奇心得到满足，就不会沉迷，就可以安静地回到书桌旁，认真地写作业了。在这个过程中，还能够提高他们的分析能力。

父母就是要从这样的小事做起，从实现一个一个的小目标开始，培养孩子的好习惯，让孩子掌握更多的生活技能，这样，距离他们的成功就更近了。

③ 让孩子明白坚持一个目标的意义

让孩子有一个目标，并且不断地坚持，直到实现，他们的好习惯就会养成，能力就会提高。

齐白石是我国著名的画家，他一生创作了大量的作品。

齐白石非常珍惜时间，他一直用一句警句来勉励自己："不让一天闲着度过。"怎样才算在一天中没有闲着度过呢？他对自己提出了一个标准，就是每天要挥笔作画，一天至少要画五幅。他对别人说，这已经成了他的习惯。

他这个习惯坚持了很多年。在小的时候，他被父亲送到一位朋友的家里学画画，父亲的朋友也是一位很有名气的画家，对学生要求非常严格，每天都要求学生至少要画两幅画。但是有一次，齐白石因为贪玩，少画了一幅，被老师发现了。老师很生气，批评他说："如果你不能做到每天坚持练习，绘画的水平怎么能够提高呢？你做事这么不用心，真让我感到丢人。"

听了老师的话，年少的齐白石很后悔，从此，他给自己定下一个目标，每天至少要画五幅画。并且一直坚持下去，形成了习惯。在每天这样的练习当中，他的绘画水平提高得很快，最终成了著名的画家。在他过九十岁生日的时候，那一天，在喜庆的气氛中，他一直忙到很晚才把最后一批客人送走。但由于过度疲劳，难以集中精力，在家人的一再劝阻下，才去休息。不过，第二天，他早早起床，把昨天的画补上。他对家人说："长期形成的习惯不能改变，即使昨天没有时间画，今天也要补上。"可以说，正因为这样坚持努力，最终让他取得了成功。

教育心理学家发现，孩子的知识技能是在不断的练习中获得提高的。心理学家做过一个著名的"小白鼠走迷宫"实验。他们把一些小白鼠放在一个迷宫里，这个迷宫曲曲折折的，有很多条路，但是，只有其中一条才能到达出口。

结果他们发现，一开始，这些小白鼠在迷宫里不知所措，不知道怎样才能找到方向，不过，在不断的练习和尝试下，它们渐渐地能够找到出口。这时，当科学家们再把它们放进迷宫里，它们马上就可以找到出路，穿过迷宫，成功地到达外面。

从这个实验中你可以发现什么？那就是：不断地坚持练习，人的知识和技能就可以提高。对于孩子来说也是一样的。通过不断的练习，他们就会掌握知识和技能，当他们将来再遇到类似的事情时，就可以轻易地解决。

孩子现在做的每一件事都是在为将来做准备。那些单调、枯燥的练习，却是将来的成功所需要的。父母要想办法让他们明白这个道理。

萌萌很喜欢植物。家里种了好几盆月季花，花开的时候，层层叠叠的花瓣，花香四溢，十分好看。萌萌很喜欢。他看到我每天给花剪枝、浇水，央求着自己也要种一盆。看到他恳切的样子，我就给他准备了一个花盆，从一盆长得粗壮的月季上剪下一枝，修剪过根部之后，插在花盆里。告诉他："这盆花你要定期浇水，它就会长大的。"

萌萌很高兴。从那天起，他每天从幼儿园回来，都要趴在花盆边看这根扦插的月季长大了没有，还按时给它浇水。过了一个多星期，这盆月季果然又长出了细小的嫩叶。萌萌兴奋地拉着我去看："你看，真的长出叶子来了！"

可是，从那时起，他的热情也不像从前了。以前每天都会定时浇水，但是现在一连两三天都想不起来。

一天下午，他从幼儿园回来，先玩了很久的电动车，又坐在电视旁看动画片，早把浇水的事情忘记了。我提醒他："萌萌，你的花怎么样了？今天浇水了吗？"他含糊地答应了一声，眼睛还是盯着电视，根本没有动。看到他这种情况，我知道他是没耐心了，把这件事忘了。该怎么办呢？如果我替他浇水，那就等于我替他做了，他没有养成习惯。所以，我决定不去帮他做。

就这样，一连几天，他都没想起来给花浇水，我也故意没有提醒他。直到有一天，他突然想起来了："哎呀，我的花怎么样了，好几天没浇水了！"

当他再次趴在花盆边看的时候，发现那株月季因为缺少水分，已经打蔫了，不像前段时间长得那么翠绿。他有些着急，问我："爸爸，这盆花会干死吗？"我说："如果你不按时浇水，它就会干死啊。"

他有些难过，急忙给花细心地浇了水，又在花的枝叶上喷了好多。过了一天，这株月季又恢复挺拔的姿态了。

看到他如释重负的样子，我又鼓励他："你看，如果不坚持浇水，月季就不会长大，看不到开花。不管做什么事情都是一样，要每天坚持做好，才会有收获。"他似乎明白了很多。

从那以后，他养成了每天给花浇水的习惯，不仅如此，他还学会了给花除草，剪除多余的枝叶。这样，他的技能也增长了。过了几个月，这株由他亲手培育的月季开出了漂亮的花朵。在这个过程中，他学会了一项技能，还培养了专心的好习惯。

让孩子坚持一个目标，虽然看上去很枯燥，但对成长十分重要，孩子要在这个过程中学习知识技能，面对将来的生活的挑战。

每天按时上学。

每天锻炼身体。

每天都把自己的书桌、床铺整理好。

每天回到家里，主动完成作业。

把每一个字一笔一画地写好。

把每一个单词清晰地读出来。

每天都注意观察生活，主动地发问，解决问题。

让孩子学会坚持一个目标，在这个过程中，他们的能力就会增长，将来会成为一个有用的人。

❹ 让孩子学会一步步、按部就班地去实现目标

培养孩子的好习惯，就要让孩子按部就班地把一件事情做好。

我们做任何事情都是有一定的程序的。比如写字，需要一个笔画一个笔画地按先后顺序去写；看书，需要一个字一个字地按顺序去读；洗衣服，需要先倒入洗衣粉，用水搅匀，让洗衣粉化开，然后放入衣服浸泡，再用力搓洗，最

后再用清水漂洗干净，拧干；叠被子，需要先把被子放平，铺整齐，再折成几段相等部分，再对折……任何事情都是如此，试想，如果写字的时候写错了笔画，看书的时候漏了重要的词语，洗衣服的时候忘记放洗衣粉，会怎样？那么就没办法把这些事情做好。

　　培养孩子的好习惯也是如此。生活中每一件事情都需要一步一步地去做，不能心急，如果缺少一步，就做不好。要让孩子学会有条理、按顺序把事情做好。等到他们把这些环节都弄明白、熟练之后，就会变成他们的习惯，做事就会很有效率。

　　萌萌很喜欢吃南瓜。我经常会买一些做给他吃。一个周末的早上，萌萌起床之后，突然对我说："爸爸，今天我想吃炒南瓜！"

　　"好啊，那我们一起做。"我答应了他。

　　吃过早饭，我们一起到超市去选购，挑了一个又大又新鲜的南瓜。回家的路上，他围着我又蹦又跳，嘴里还直嚷："有南瓜吃了！"

　　到了午饭的时间，萌萌也跑到厨房里，要和我一起做午饭。可是，该让他做些什么呢？我想了想，用刀把南瓜切成两半，放在地上，对他说：

　　"你负责清理南瓜吧，要把南瓜里的籽掏出来。一定要清理干净，不然会硌牙。"

　　他答应了，搬过一个小板凳，坐在那里，开始清理南瓜籽。

　　清理了一会，他对我说："爸爸，我弄好了。"

　　我一看，他只是把最表面一层清理掉了，里面还有隐藏的籽没掏掉。我对他说："掏得仔细点啊，不要漏下。"

　　他又掏了几下，对我说："好了，这下没了。"

　　我又仔细看了一下，还是有一些没掏干净。

　　不过，这次我没再催促他。

　　我就把没掏干净的南瓜切成段，把锅烧热了，倒上油，放入葱、姜、蒜，炒出香味，再放入调料、南瓜……萌萌在一旁好奇地看着。最后，父子两个合作，炒出了一盘色、香、味俱全的南瓜。

吃饭了，萌萌开心地吃着自己参与烧出来的南瓜，十分开心。不过，没吃几口，他突然一声惊呼："哎呀，这里怎么还有籽呢？"

然后他从嘴里吐出两颗南瓜籽来。不仅如此，又吃了几块，又吐出来几颗。

他有些不开心了，问我："怎么还有南瓜籽呢？"

我说："这一定是因为你没清理干净啊。"

他想了想："我当时仔细地掏了。"

我说："那是因为还有隐藏的，你没看到。"

他同意了。

我说："你看，我们做这道菜，有一个部分没做好，炒出来的菜就不好吃了，所以，以后要仔细地把南瓜清理干净，做什么事都要认真才行！"

他似乎明白了很多。

然后，我帮着他把剩余的南瓜籽都挑了出来，这样，他又开心地吃了起来。

孩子还小，知识和技能有限，不太懂得做事情要一步一步来，这就需要我们去提醒他们。

父母要告诉孩子做一件事情都包括哪些部分

比如孩子遇到不会写的字，父母应该告诉他们这个字包括哪些笔画；遇到不会拼写的单词，父母应该告诉他们这个单词包括哪些音节；遇到算不出来的加减法算术题，父母应该告诉他先算哪个，后算哪个……通过不断的提醒，孩子就会知道做一件事情要分步来，把前一步做好了，才能做下一步。

（父母要适时给孩子做示范）

还比如写字，父母可以把一个生字的笔画列出来，一笔一笔地示范给孩子怎么去写；可以示范如何整理书桌，比如把书本放在桌角，把笔、橡皮放进文具盒，把台灯擦干净；还可以示范如何洗衣服，比如先洗领口、袖口，再洗其他部分。有了这样的示范，孩子就会明白做事情要按部就班的道理。

父母要培养孩子的耐心

经常遇到一些父母，他们抱怨孩子没有耐心：吃饭的时候，饭没咽下去，就想着跑出去玩；做算术题，算了几个数字，嫌枯燥，就开始乱写；看故事书的时候，看了开头几行，没兴趣了，急于知道后面的结果……这时父母就要培养他们的耐心。

比如孩子在看故事书，他们不想看中间的过程，只想知道故事的结局——好人和坏蛋谁赢了？父母可以对他们说："最后当然是好人战胜了坏人，可是，他是怎么赢的呢？我们一起往下看好不好？"然后陪孩子一起读，这样孩子就会有好奇心，一起读下去。在这个过程中，你再与他一起了解故事中的主人公经历了哪些挫折，又是怎样克服困难，最后取得成功。这样孩子就能体会到收获的喜悦，就会有兴趣。

父母要鼓励孩子一步步地把事情做好

当孩子能够完整地写好一个字，一笔一笔地画好一幅画，整齐地整理好自己的书桌，耐心地从头到尾读完一本故事书时，父母要热情地赞扬他们。

"你做得真好！"

"你做得很漂亮。"

"妈妈为你自豪，你进步了！"

有了这样的鼓励，孩子会信心十足，下次愿意继续坚持。

要记住一点，如同爬楼梯一样，只有踩过前一个台阶，才能够到达下一个台阶。做任何事情都需要一步一步地完成。父母应该培养孩子按部就班把事情做好的习惯。这样在遇到任何困难时，他们都能够不畏艰难，有条不紊地完成。

❺ 不要因为孩子一次没做好，就否定他们

当孩子做一件事情时，哪怕他们做得并不好，也要多给他们鼓励。

很多父母不会表扬孩子。他们只会粗暴地否定，眼睛里看到的都是孩子的毛病，结果孩子的信心受到了打击，不但没变得听话，反而与他们疏远了。

曾经遇到这样一位母亲，她对我说："我这个女儿太不听话了，我说什么她都不听。有一天晚上，我下班回来，在厨房里做饭，让她一个人在桌子旁写字。我以为她能够写得很好，结果她就坐在那里磨蹭，我饭都做好了，她只写了几行。吃完饭，我做家务，又让她做算数题，她又偷偷地玩橡皮，在橡皮上面蒙了一张纸，把上面的小人一遍一遍地描下来。我再一看做的题，全算错了。我对她的教育是很上心的，因为这些事我批评了她很多次，但一点作用都没有。实在没办法了，我就和孩子签了一个'协议'，上面写着：'如果再不听妈妈的话，我就主动地站到墙角去，自己罚站。'我自己写了一遍，又让孩子抄了一遍，我告诉她：'我们已经签字了，以后就要遵守。'结果，孩子吓哭了。"

然后，她还把这个协议拿给我看，上面写着她和孩子两个人的名字。

可是，真的起到效果了吗？

我问她："你发现最后的效果怎么样？"

这位母亲叹了口气，说："唉，还和以前一样。"

再仔细问这位母亲平时的教育方式，她承认：经常会责备孩子。

孩子的心灵在成长，他们需要我们精心的哺育，用正确的方式去沟通，如果你总是批评、否定他们，就会打击他们的信心。他们并不会觉得你在关心他们，反而与你疏远。

要发现孩子的优点，先表扬孩子的长处，再批评不足

很多父母，当他们想教育孩子的时候，看到的全是缺点：

"你的字怎么写得歪歪扭扭的？"

"你的画怎么画得乱七八糟？"

"你的玩具怎么到处乱扔？"

但仔细想想，孩子做这些事情的时候就没有优点吗？

字虽然写得歪歪扭扭，但可能写得很完整，没有丢掉笔画。

把画画得乱七八糟，但可能是他们在天马行空，表达自己的创意。

玩具虽然丢得到处都是，但至少表明了他们爱活动、爱动手。

什么事情都是有两面的。如果你总是看到不好的一面去批评孩子，他们也会觉得自己一无是处。

所以，要发现孩子的优点。你可以对孩子说：

"你这个字写对了，这可不容易呢，它的笔画很多，你进步了！——不过，就是写得难看了一些，再横平竖直一些就更好了。"

"你这张画画得好有创意，上面的小动物很生动，就是画得不够像，再观察一下，就能够画得更好。"

"你会用这些玩具了——可是，用完之后不能乱丢，要放在原来的位置。"

先肯定孩子做得好的地方，再提出改进的建议，他们就容易接受。让孩子明白他们有优点，虽然有不足之处，却是可以改进的。

在孩子付出努力时，要鼓励孩子

我们不要指望孩子一下就能够做到完美的程度，只要孩子付出努力，就应该表扬他们，让他们提升信心，坚持下去，就会成功。

多用这样的话去鼓励孩子：

"你做得真好！"

"你又进步了！"

"这一次比上一次做得更好了。"

......

不要用这样的话去说孩子:

"看看你,什么也不是,考试总是后面几名,看人家亮亮,每次都考第一,你怎么不向他学习?"

"你太笨了,每天都陪你看书写字,考试还是得不了几分。"

"看看你写的作文,全是错别字,你自己能读下来吗?"

......

只要孩子付出了努力,就应该鼓励他们。孩子的成长需要时间,他们可能一时做得不好,但只要坚持,找到不足之处,就可以改进。

面对孩子失败的事实,陪着孩子一起找到失败的原因

比如早上,孩子起床又晚了。一家人在床边哄了很久,孩子才勉强起床,好不容易穿好衣服、吃过早饭,发现上学的时间已经快到了。终于把孩子送到了学校,结果迟到了,操场上空无一人。

孩子没把事情做好,父母要冷静,与孩子一起面对现实。

面对已经寂静的操场,你可以孩子说:

"你看,我们迟到了,别人都进教室了,只有我们还在这里,多不好啊。"

"如果每天都是这个样子,我们会不会被老师、同学笑话呢?"

"你希望每天都这样吗?明天早起一点,妈妈早些把你送到学校来,怎么样?"

......

我们要给孩子犯错的机会。每个人都会犯错误，不要因为孩子一下没做到，就全盘否定他们。发现孩子做得不好的时候，父母要表现得冷静，找到孩子哪里做得不好，让孩子明白你愿意帮助他们改进。

宽容孩子的错误

我们不要指望孩子一下就能够做到完美的程度，只要孩子付出努力，就应该宽容他们。孩子的成长需要时间，他们可能一时做得不好，但只要坚持，就能够成功。如果你总是否定他们，他们就会失去信心。

与孩子一起解决问题

父母应该多了解孩子的困难。如在每天晚饭的时间和孩子聊起上学的情况，询问这段时间里孩子都遇到了哪些困难，在学校里能否和同学友好相处，是否听得懂老师的讲课，写作业的时候是否有不会的题，等等，然后帮助解决。

不要等到许多事情攒到一起时再去解决，那时你会发现很难理解孩子。他们也不理解你为什么平时不管不问，却突然提出一大堆要求。

学会表扬孩子，肯定他们的优点，不断地鼓励，提升他们的信心，这样才能够让孩子养成好习惯，这对于他们健康的成长十分重要。

6 在孩子能够胜任时，要为孩子提出新的目标

孩子的成长就像爬楼梯一样，迈过前一级，才能够来到下一级。又像爬山，爬上了前面一座山，那么下一步就要向更高的山峰冲击。随着一步步地成长，孩子的能力会提高，这时，我们要给他们提出新的目标。

萌萌很喜欢唐诗。唐诗写得很有韵律感，要么委婉动人，要么气势宏大，是我国古典文化宝库中的精华。六岁的时候，他就能背二十多首诗歌了。在幼儿园的大班里，他能背的诗是最多的，老师讲的诗我大都已经教过他，老师时常会让他当众朗诵，他总能够大声背下来，得到老师的表扬。他为此非常开心。

看到他这么喜欢诗歌，到了上学的年龄，我到书店给他买了一本有白话文对照、有配图的小学版《唐诗三百首》，里面收录了许多我国唐代的诗歌精华。

在把这本书作为开学的礼物送给他时，本以为他会很高兴的，可是，他接过以后，翻了几下，却把它扔在一边，不想再看了，这让我很奇怪。

我问："你不喜欢这本书吗？"

他回答："这本书好难啊，里面好多生字，有的诗还很长。"

哦，原来如此。确实，这本书里的诗歌不再是简单的五言绝句，有很多七言绝句，甚至是很长的格律诗，不像他以前学过的那么简单。可是，如果想要增长语言的知识，不能总看那些简单的啊。

我说："虽然这些诗很长，但写得很好看，一点都不比你以前背的那些差。"

他听了，有了些兴趣："是吗？"但又有些疑虑："可是，我怕看不懂，不认识的字太多，而且那么长，看起来太费劲了。"

我鼓励他："一次可以少看点嘛，每次能看懂一首就行了，还有白话文的对

照，爸爸可以和你一起看，不会的字可以查字典！"

就这样，在我的鼓励之下，他打起精神，去尝试着看这本书。虽然有些费力气，但坚持了一段时间之后，他能读下来十来首。他发现，这些诗歌意义丰富，朗朗上口。这样，他对诗歌的兴趣又恢复了，语言表达能力也得到了提升。

生活中，父母应该注意观察，给孩子不断地提出新的目标。这对于他们能力的提高很有用处。

比如孩子能够自主地穿衣、洗脸之后，可以让他们尝试着做一些家务：整理自己的房间，收拾床铺。

能够吐字清晰地把话说清楚之后，可以让他们大声地朗诵一些诗句，提高语言表达能力。

在认识一定数量的汉字之后，可以让他们去看一些故事书，提高阅读理解能力。

在学过加减法之后，可以让他们尝试着算一下自己在一个月里用了多少钱，提高计算能力。

每天早上能够坚持慢跑十分钟之后，再做几个立定跳远，提高身体素质。

……

父母应该根据孩子的成长情况，不断提出新的目标，让他们迎接新的挑战，同时也可以培养新的习惯，帮助他们更好地成长。

7 孩子做不到的时候，要寻找原因

孩子不可能一下就把事情做好。发现孩子做得不好的事情，父母不要着急，要帮助他们寻找原因改进。

经常遇到这样的父母，他们一看到自己的孩子没有把事情做好，就怒气冲天地对孩子说：

"看你做的都是什么？这样一点小事都做不好！"

"做事一点都不认真！"

"真没出息，长大以后也没用！"

……

父母的本意是想让孩子改进，但是真的会起到效果吗？我们在前面说过，孩子的思维还不成熟，心理和身体还不完善，在父母眼里看起来很简单的事情，对他们来说却是一个不小的挑战。他们事情做不好，大都是出于无意。因此，父母不要急着责备他们，而是要帮助寻找原因，加以改变。

我们都知道爱因斯坦做小板凳的故事。有一次在手工课上，老师留了作业，要同学们回家做一份自己喜欢的手工交上来。第二天上课，该交作业了，同学们纷纷交上了自己的作品：泥鸭、布娃娃等，爱因斯坦交上的却是一只很粗糙、很丑陋的小板凳，老师看了很不满意，说："我想，世界上不会有比这更差的小板凳了……"爱因斯坦却回答："有的！"然后从课桌里拿出两只小板凳。

他举起左边的那只说："这是我第一次做的。"这只板凳一边的腿长，另一边的腿短，立都立不稳。然后他又举起右边的那只说："这是我第二次做的。"这只板凳的凳子面凸凹不平，十分粗糙。爱因斯坦又指着第三只板凳说："虽然前两次我都失败了，不过，第三次我改进了前两次的缺点，虽然还很难看，但总比前两只强一些。"

这个故事说明什么？只要找到失败在哪里，孩子就可以改进，一次比一次做得更好。

在培养孩子的好习惯时，他们往往不能一下就做得完美，这时，父母应该找到他们失败的原因，帮助改进。不断坚持，就可以进步。

夏天的傍晚，我经常会带着萌萌到小区的广场上纳凉。每到晚上，广场上十分热闹，有跳广场舞的爷爷奶奶，有健身的叔叔，还有很多小朋友在滑旱冰。那些小朋友踩着旱冰鞋，在广场上自如地滑行，不时地做出急停、拐弯等动作，旱冰鞋的表面还镶着五颜六色的彩灯，萌萌十分羡慕，央求我也给他买一双旱冰鞋。

看到他那么有兴趣，我就答应了。在周末，与他一起到体育用品商店挑选了一双。回到家里，他就盼着到傍晚，好到广场上练习。

到了傍晚，吃过晚饭，他迫不及待地拉着我来到广场上，穿上旱冰鞋。他以为滑旱冰是一件很简单的事，可是刚穿上，就发现站都站不稳，脚下直打滑。虽然我在一旁扶着，但他还是不小心一屁股坐在地上。他站起来，又试着迈开脚步滑行，可是，没滑两下，又站不稳，坐在地上了。

看着别的小朋友在一旁自如地滑行，他十分苦恼，望着我，十分委屈的样子。

看着他难过的样子，我有些好笑，不过，我知道在这个时候更应该鼓励他。

我问："怎么了？"

他说："我的脚不听使唤，站不稳。"

我说："是啊，学会滑旱冰可不是一件简单的事情，我们一起看别的小朋友是怎么滑的好不好？"

这时，有一位小姐姐看到萌萌坐在地上，就热情地滑过来，对萌萌说："你刚学吧？我来教你。"

就这样，这位小姐姐给萌萌作示范：要先把两脚又开，弯下腰，降低重心，然后一只脚蹬出去，用另外一只脚支撑，两脚依次用力，就可以滑行了。

萌萌这才意识到他刚才两只脚站得太近了，重心太高，站不稳。找到原因之后，他调整了动作，把重心降低，又练习了半个小时，这样，他也能滑行一段距离了。

就这样，用了几个晚上，萌萌也学会了滑旱冰，能够在广场上自如地滑行，与其他小朋友一起相互比赛，他一边滑一边开心地笑，我也感到十分高兴。

孩子做不到时，父母不要急于责备孩子，要帮助他们寻找原因。

要找到孩子在哪里没做好

每一件事情都可以分几个部分、几个环节，孩子没做好，一定是在某一个环节出现问题了。

例如，孩子衣服穿得不整齐，把扣子扣歪了，那么，一定是没有按次序把扣子扣好；把汉字写错了，一定是某个笔画写得不对；把加减法的算术题算错了，一定是数位没对准，或者加减法的口诀记错了；把一幅画画得乱七八糟,有可能是画的顺序不对,要先画轮廓,再画细节,等等。父母发现孩子的事情没做好,应该帮助他们检查,发现问题出在哪里,然后改进,经过一定时间的练习,就可以掌握。

父母不要一下子提出太高的要求

孩子由于思维能力有限,心理和身体发育不完善,还无法一下就把事情做好,需要你给他们时间。比如有一些字孩子总是写不好,可能是因为这些字的笔画比较复杂,他们还没有记住笔画顺序,给他们一定的时间练习,就可以掌握。

父母要给孩子以信心

要相信孩子可以做到,多鼓励孩子,用这样的话对他们说:

"你可以做到的。"

"你比以前有进步了!"

"妈妈相信你!"

"妈妈和你一起做,你一定会完成!"

……

"好话一句暖三冬,恶语伤人六月寒",多鼓励孩子,能让他们增加信心,鼓起勇气去改正错误,这样进步就会很快。

概言之,父母要记住,发现孩子没做好的时候,不要着急,要帮助他们找到原因,从那里改进,加强练习,经过一段时间,孩子就可以进步，经过这样的努力，孩子就会不断掌握新的技能，养成新的习惯，这样他们将来才能够走向成功。

8 孩子松懈的时候，要督促他们

培养好习惯是一个漫长的过程，需要不断坚持和努力。让孩子日复一日地重复做一件单调的事，直到形成内在的、自发的需求，这并不是那么容易。孩子由于年龄太小，意志力不够，难免会有松懈的时候，这时父母要经常督促他们。

第谷是丹麦著名的天文学家，是近代天文学的奠基人之一。1559年，他在13岁时被父母送到哥本哈根大学读书。他的父母一开始希望他成为一名律师，但是第谷并不热心。有一次，当地发生了一次日偏食，同学们都到操场上，用涂满墨汁的玻璃片去观察日偏食发生的过程，他也很好奇地一起去看，结果，一下子就被神秘的天文现象吸引了：太阳被月亮侵蚀得只剩下了一条闪亮的金边，这使他对天文学产生了浓厚的兴趣。他跟父母说自己想学习天文学，父母看到他如此热心，就支持了他的请求。从此，他开始了每天晚上的观星活动。

在那时还没有发明望远镜，第谷只能够凭借着自己的肉眼观察。这不是一件容易的事。每天晚上，他要用自己造的复杂仪器，对准天空，用肉眼发现星星位置的微小变化。这需要的不仅仅是技巧，更多的是耐心和毅力。每天晚上，在别人都入睡的时候，他却要打起精神，盯着星空，操纵着复杂的仪器，追踪着星星，直到天亮。

在坚持了一段时间之后，第谷感到很累，想放弃了。看到第谷疲惫的样子，父母很心疼，可是，如果想把一件事情做成，就必须持之以恒，不能轻易放弃。父亲就鼓励他："不要放弃，只有坚持，才能够把那些星星的秘密搞清楚！"母亲也说："你已经选择了这条路，应要坚持下去，才能成功。"

就这样，在父母的鼓励和督促之下，第谷又拾起信心，继续着自己的观星工作。

就这样，日复一日，工作变成了习惯，这样的工作他一直坚持了整整40年，最终取得了丰硕的成果。他先后观测了777颗恒星的位置，天文观测值比以前要精确几十倍到上百倍，编制了一个误差极小的星表。他记录了月亮、行星和彗星的运行情况，取得了大量精确、宝贵的天文资料。在这样勤勉的一生中，第谷在天文观测方面取得了大量的成果，为近代天文学的发展奠定了坚实的基础。

做任何事情都需要坚持和努力，不断地去巩固和完善。当孩子有松懈心理的时候，我们应该鼓励他们继续把事情做好，直到养成习惯。

有一天，我去学校接萌萌回家，他从校门里跑出来，高兴地对我说："爸爸，告诉你一个好消息：我入选学校的田径队了！"

萌萌的身材并不高，在班里只是中等，但是爆发力却很好，这或许是得益于我每天早上带他坚持锻炼的结果。他在学校运动会上跑进了前几名，因为这个原因，入选了学校的田径队。

我很为他高兴。但是，入选了田径队之后，训练也就多了起来。除了在学校里每周一、周三、周五下午各有一个小时的训练之外，老师还要求学生自己每天增加训练量。这样，每天早上就得多跑十分钟。

一开始萌萌是很高兴这样做的。因为能够在班里小朋友面前参加训练和比赛，让他觉得很神气。不过，训练是艰苦的，每天的练习量明显加大了，要跑更远的距离，还要压腿，做立定跳远来练习爆发力，没过几天萌萌就对我直嚷："腿好痛！"这是自然的，每天增加了锻炼的时间，腿当然会痛。萌萌有点打退堂鼓了，他偷偷地恳求我："能够少练点吗？"

我说："这已经是很少的量了啊，如果想练成田径运动员，练得那么少怎么可以呢？"

他叹了口气说："早知道这么累，还不如不参加田径队了。"

看着他一副懊恼的样子，我感到很好笑，不过我马上鼓励他："刚开始加大练习就会这样的，腿自然会痛，再坚持几天，把这段时期熬过去就好了，腿就不疼了。"

他将信将疑，不过，在我的鼓励之下，他还是坚持着每天的练习。又过了几天，这段疲劳期过去之后，果然他的腿没那么疼了，他也跑得更快了。每天坚持跑步的习惯也延续了下来。

又到了学校开运动会的时间，他又跑进了前几名。

好习惯的培养需要一个形成期，需要不断地反复练习，这既是对身体的锻炼，也是对意志的考验。孩子由于身体、大脑尚未发育成熟，性格还不完善，只靠他们自己是很难做到这一点的，父母应该理解他们这种退缩、犹豫的心理。要时时地督促他们，坚持一段时间之后，孩子就会形成内在的、自发的需求。

要督促孩子认真地完成每一个细节

例如写字的时候，要告诉孩子一笔一画地按顺序去写，不要乱写，不要丢笔画，不断地练习，就可以把字完整、工整地写出来；算数学题的时候，要把数位对准，按照加法、乘法的口诀去算，这样就不会算错，画画的时候，要一笔一笔地按顺序去画，不要东一笔、西一笔，把画纸涂得乱糟糟；唱歌的时候，要吐字清楚，一个音符一个音符地去唱，就可以唱得准确、动听。

要让孩子学会把每个环节做好，有了小的积累，才能够把一件事情完整地做好。

要让孩子明白只有坚持付出才能够有回报

任何事情都需要艰苦的努力，现在枯燥、单调的练习，都是在为将来的生活做准备。经过不断的练习，孩子才能够写出一个个漂亮的字，画出一幅幅好看的画，完整地唱出一首首动听的歌曲……这就是对他们的回报，他们在这个过程中收获了技能，也收获了信心，还懂得了做事情的方法。

及时发现孩子的松懈心理，督促他们

父母要注意观察孩子。孩子的松懈在不经意的时候就会发生，比如他们写字的时候感到厌倦了，就会表现得分心、左顾右盼，故意地推脱、磨蹭，不自觉地会乱写。这时父母要督促他们：

"再坚持一会，就可以做好了！"

"你做得挺好的，就差一点了！"

"你做得不错，不要半途而废啊！"

鼓励孩子收回飞走的心思，集中注意力，继续把事情做好，久而久之，就会形成习惯。

概言之，父母要及时发现孩子的松懈，督促他们集中注意力，把事情做好。久而久之，就可以养成好习惯，帮助他们走向成功。

第四章

怎样培养孩子的好习惯
——用计划去约束孩子的行为

❶ 让孩子养成做事提前计划的好习惯

人们常说："凡事预则立，不预则废。"意思是说，做事要提前计划，到时才不慌乱。

父母要知道：孩子的自制力是有限的，要通过制订计划的方式，让孩子做事提前准备，这对于他们提高自制力、把一件事情做好非常重要。

乔治·巴顿是美国二战时期的陆军四星上将，他曾经参与指挥过对纳粹德国的北非战役、意大利战役、柏林战役等多次著名的军事行动。很多人都知道他作战勇猛、作风顽强、屡战屡胜，却不知道其实他是一个心思缜密、做事周全的人。

他指挥的部队纪律严明，强调快速进攻，战术灵活，可以说是所向披靡，对二战中盟军的胜利起到了关键的作用。为此，他成为军事学家们研究的对象。曾经有人问他："将军，您是怎样做到常胜不败的？"

听到这样的发问，巴顿故作神秘地眨了眨眼，然后坦然地笑了笑，说："其实我并没有什么窍门，之所以能够取得不错的战绩，是因为我在作战之前总是作出周密的计划。"

巴顿在指挥作战之前，会对敌手进行大量侦察，了解了对手军队的数量、装备、补给、战斗力等特点，再用侦察机和地面侦察部队了解对手军队的部署情况，这样，可以说对敌手"了然于胸"。然后再结合战场的地形、天气等情况，进行周密的计划。他把自己最重要的部队布置在关键的位置上，然后给予充分的补给上的支持，这样，总能够保证自己的军队以优势军力面对敌人，给对手以沉重的打击。正因为有了这些周密的计划，使得他的军队在战场上总能够掌握主动，应对自如，抢先对手一步，因此取得了卓越的战功，他因此被人们称为"铁胆将军""常胜将军"。

孩子虽然还小，但我们也要让他们形成做事提前计划的习惯。

教育心理学家认为：做事提前计划反映了一个人筹划未来的能力。如果一个人总能够在头脑里预演即将发生的事情，精心地考虑如何去实现每一个细节，当这些事情真正发生的时候，就可以做到准备充分，从容应对。那些在科学、政治、法律、商界等各个领域取得成功的人，无不有这样的好习惯。通过精心的计划，使自己行动迅速、有效率。

萌萌很喜欢玩手机游戏，吃过晚饭之后，经常会抱着我的手机，找到一个好玩的游戏，比如"愤怒的小鸟"，坐在那里，手忙脚乱，用小鸟去进攻来偷走鸟蛋的坏蛋们。因为很喜欢这样的游戏，他每次玩起来都很投入，常常忘了时间。如果我催促他去写作业，他嘴上答应，手里却不放下，眼睛还是盯着手机屏幕。

该怎么办呢？

后来，我想了一个办法。有一天，又到吃晚饭的时间了，萌萌兴冲冲地坐到桌子旁，一看，上面有好几道他喜欢的菜，比如红烧带鱼、炒蘑菇等。他高兴地说："这么多好菜啊！"然后开心地吃了起来。

不过，在吃饭的过程中，我可没闲着。看到他香甜地吃着饭菜，我问：

"萌萌，今天老师都留了什么作业呢？"

他停下手中的筷子，想了想："不多，就几道两位数的加法题，还有五个生字，老师让把每一个生字写十遍。"

我说："是吗？就这些？"

他肯定地点点头："就这些。爸爸，你放心吧，吃完饭，半个小时我就写完了。"

我问："可是，吃完饭，你不玩'愤怒的小鸟'了吗？"

他突然醒悟："好了，我知道了，我就玩十分钟——就十分钟，然后就去写作业，好吗？"

我知道等到他真的把手机拿在手里的时候，没有一个小时根本停不下来。

于是我说："说好十分钟，我拿着闹钟在旁边给你算时间，到时候你不停下来可不行。"

萌萌有点脸红，他知道我在揶揄他。前几天我曾反复催促他去写作业，他也没停下手中的游戏。

我知道只玩十分钟不会让他满意，又说："要不，这次你玩半小时，但半小时之后，一定要收手去写作业，怎么样？"

他想了想："好吧，我同意。"

我说："一言为定！"

他点点头："一言为定！"

吃完晚饭，萌萌迫不及待地拿起我的手机，不过，这次不一样的是，他把自己的闹钟拿来，放在茶几上，看了看上面的时间，对我说："我自己看着时间，现在是六点！"

我点点头，随他去玩。没再干涉他。他一边玩着游戏，一边用眼睛瞟着闹钟，还不时地对我说："还有二十分钟呢！""还有十分钟呢！"……

不过，到了快六点半的时候，他有点玩不下去了，他不想放下手里的游戏，但又想起了与我的约定，不时地看着闹钟，终于，他叹了口气，下定决心，把手机交到正在收拾餐具的我的手里："好了，到六点半了，我去写作业了。"虽然还是恋恋不舍，但他还是坐到书桌前去了。

就这样，通过一次提前的小小计划，他遵守了时间。

亲子课堂

父母应该有意识地要求孩子做事情提前计划。如果在心中有筹划，做事情的时候就会快速、有效，坚持下去，对于培养他们的好习惯会非常有用。

与孩子一起讨论一天中要做的事情

早上的时间很宝贵，但也要在吃早饭、送孩子上学的途中与孩子交谈，可以问孩子。

"今天都要上哪些课啊？"

"课本都带好了吗？"

"语文课上老师要讲哪篇课文？你读过吗？"

"数学课还要做两位数的加法题吗？"

"体育课在第几节，会有什么活动？"

"手工课上要做什么手工，你的工具都带好了吗？"

······

通过这样的询问，实际上是让孩子把一天中要做的事情在大脑里做了一遍预演，有助于他们保持注意力，上课的时候不分心，效果更好。

与孩子一起讨论晚上要写的作业

吃晚饭的时候，可以与孩子一起讨论晚上要做的事情。比如。

"今天打算玩多长时间的游戏？"

"《猫和老鼠》的动画片演到第几集了？几点能够演完？"

"今天都留了什么作业？语文有几个生字？算数留了几道题？要花多长时间写完？"

······

通过这样的询问，让孩子对晚上要做的事情预先有了一个规划，可以帮助他们从手机游戏、电视里收回心思，集中精力写作业，写作业也会更投入，效果更好。

与孩子一起考虑做事情的每一个环节

生活中父母应该有意地让孩子去考虑做每一件事情的细节。比如你和孩子在洗衣服，可以对他们说：

"要放合适的洗衣粉。"

"要浸泡十分钟再洗，容易洗干净。"

"先洗浅色的衣服，再洗深色的衣服。"

"先洗领口、袖口，再洗其他。"

又比如，你与孩子一起在准备晚饭，可以这样对他们讲：

"摘菜的时候先把发黄的叶子去掉，然后再用清水洗菜。"

"炒菜的时候先把抽油烟机打开，不然房间里都是油烟。"

……

通过这样的交流，可以让孩子明白做事情要有一定次序，提前思考每一个环节。

为孩子制订一些小的计划

孩子虽然还小，也可以给他们制订一些小计划，比如制订一个学习的计划，做一个当月的收支计划，做一个周末旅行的计划，等等。这有助于培养他们的时间观念，遇事提前思考，把一件事按计划一步步地做好，对于养成好习惯非常有用。

❷ 适时地为孩子制订一些小计划

为了培养孩子的好习惯，父母应该有意地为孩子制订一些小计划，坚持下去。

准备一个白纸本或者一张白板

在制订计划的时候，父母可以把一段时间以来要达到的目标写在白纸本上或者白板上，然后把它们放在孩子的书桌上、书房里。

第一步 列出计划的时间和内容

比如每天早上做二十分钟的锻炼；每天上课要学的课程；每天晚上要写哪些作业，等等。

第二步 列出完成计划的要点

只给孩子列出一些空洞的口号是没用的，父母要把完成计划的要点也写出来，例如：

写语文作业：要写哪些生字，这些生字的笔画顺序是怎样的。

写算数作业：要做哪些题，在做这些题时，方法是什么。如做减法题，要先对准数位，从低位到高位依次相减，不够减的要向高位借位等。

写英语作业：要背哪些单词，每个单词包括几个音节，怎么读。

……

把这些要点写出来，孩子才能够知道怎么做，可以按部就班地去做，避免因为不会做而拖延。

第三步　观察孩子完成计划的情况

父母要注意观察孩子是否能够按时完成这些计划，每完成一项就在计划内容的后面打一个勾，表示已经做好了，并且鼓励孩子说：

"你今天做得很好！"

"今天你遵守了时间。"

"今天的事情都按时做完了。"

……

久而久之，孩子就会形成正确的时间观念，做事不磨蹭。

孩子的思维是不成熟的，一开始，我们不能要求他们自己就能做计划，要帮助他们去做，并督促执行。经过不断的练习，他们的时间观念就会增强，主动地去提前准备，这对于培养好的生活与学习习惯非常有用。

3 制订一个按时起居的计划

很多父母都很发愁：孩子在晚上不能按时休息，到了睡觉时间还很兴奋，还想玩耍；早上起床拖延，闹钟响过了接着睡，父母去叫也不愿意起来。这是因为还没有形成按时起居的好习惯。你可以为他们制订一个按时起居的计划，帮助改变。

第一步　规定每天睡觉、起床的时间

一般来讲，学龄前后的孩子要保证每天8—10个小时的睡眠。这是因为他们正处在成长阶段，需要更多的睡眠来保证身体和大脑得到充分的休息。因此，尽量让孩子在晚上9点之前上床休息，早上可以7点起床。

第二步　在让孩子上床睡觉之前，父母要做好充分的准备

有些父母总是到了孩子上床睡觉的时间才突然想起来要督促他们："快上床睡觉吧！不然明天起不来。"实际上，这个时候孩子还很兴奋，他们还沉浸在自己做的游戏、玩具当中，大脑思维很活跃，你突然让他们上床休息，他们会很不情愿，故意地与你"抗争"，常常要拖延一个多小时才能够安静下来。

正确的办法是提前准备。例如在晚上8点的时候，父母就来到孩子的房间，与孩子一起把被子铺好、把枕头放好，然后对孩子说："再过一个小时，9点钟要上床睡觉了。"在8点半的时候，再次督促仍在玩耍的孩子："去刷牙吧，先把牙刷好，再玩一会，就要睡觉了。"通过这样的督促，孩子心理就会有一个准备，他们知道"过一会要休息了"，到了睡觉的时间就容易安静下来。

第三步　睡前帮助孩子放松

到了睡觉的时间，孩子虽然躺在床上却不容易睡着。父母可以躺在他们身边，拿起一本故事书，用舒缓的语气给他们读上一段，或者放一段节奏缓慢的钢琴曲，与孩子一起欣赏，孩子的兴奋就容易过去，进入睡眠的状态。父母在孩子睡着之前不要玩手机游戏，以免引起孩子的关注，可以拿本书翻上几页，制造一种安静的环境，便于孩子入睡。

第四步　晚上为孩子定好闹钟，早上帮助他们起床

孩子早上起床往往会拖延，这可能是因为头天晚上没休息好、睡眠不够，也可能是故意偷懒。前一天晚上要让孩子按时休息，保证充分的睡眠。早上闹钟响起的时候，你可以来到孩子的床边。孩子不愿意起床，会故意继续装睡。你可以去拥抱一下孩子，说："到时间了，再不起床，要影响上学了。"或者亲吻一下孩子的额头："按时起床才是好孩子。"也可以故意挑一些孩子感兴趣的话题，例如："今天上学会做什么游戏呢？""今天放学回来我们一起看动画片好不好？"通过这样的方式，孩子就会兴奋起来，你再要他们起床、穿衣就会很容易。

第五步　每天坚持，形成稳定的生理节律

人的起居习惯有一个生理的节律，需要时间去慢慢形成。父母在看到孩子不能按时起居的时候不要着急，要用做计划的方式，每天按时引导孩子去做，慢慢地培养，等到这个生理节律形成，孩子到了睡觉的时候就会感到困倦，早上到时间又会自然醒来，穿衣洗脸，精神百倍地投入到一天的学习和生活当中。

4 制订一个锻炼身体的计划

锻炼身体很重要。很多父母不注重让孩子锻炼身体，导致孩子身体素质不佳，体弱多病，上课注意力不集中，写作业不专注。还有的孩子很早就有近视、肥胖的情况，影响他们的健康和学习。

父母可以为孩子制订一个锻炼身体的计划，帮助他们强身健体。

第一步 设定每天锻炼身体的时间

锻炼身体最好选择在清晨，因为清晨空气新鲜，通过锻炼可以提高身体活力，帮助孩子在一天中保持精力充沛。父母可以根据自己家庭的情况和孩子的年龄设定锻炼的时间，如每天早晨6点起床，然后进行半个小时的锻炼。

有的父母喜欢让孩子在傍晚锻炼，但傍晚锻炼，容易让孩子过度兴奋，不容易平静下来去写作业，而且会影响晚上的睡眠。

父母可以充分利用周末的时间，比如带孩子去打一个小时的乒乓球，到运动场踢一次足球，等等。

第二步 在最开始做一些小运动量的活动，逐渐加大

有些父母急于让孩子有一个强壮的身体，第一天锻炼就带着孩子跑上五百米，这是不行的。人的身体在进行剧烈体育活动的时候有一个适应期，需要一步步提高运动的强度。如果一下加得太猛，孩子很可能会吃不消。

在最开始的时候可以做一些简单的活动，比如早上起来到小区里散步，慢走十五分钟即可。这样坚持一个星期之后，孩子已经适应了节奏，再加大运动量。这时可以先慢跑十分钟，休息一会，再走路十分钟，然后结束这一次的锻炼。等到孩子能够胜任这样的锻炼，再加大运动量，每天早上慢跑二十分钟，再做几个立定跳远，可以达到充分锻炼的效果。

第三步 选择多种体育活动让孩子锻炼

跑步是很简单、有效的体育锻炼，可以促进有氧气呼吸，增加腿

部肌肉的力量,提升心肺功能。除此之外,还可以选择:

每天早上做几个立定跳远,可以提升孩子腿部肌肉的爆发力。

每天早上做五个单杠的引体向上,这对孩子是一个挑战,但是可以有效地锻炼双臂肌肉的力量。

在傍晚做五个俯卧撑,可以提升胸肌和手臂肌肉的力量。

运动项目是多种多样的,可以选择孩子喜欢的,如:

每周适时地带孩子打2—3次乒乓球,可以提升孩子的反应能力、身体协调能力,盯着跳来跳去的乒乓球看还可以加强孩子的注意力。

每周末带男孩子踢一次足球。

女孩子可以每天晚上到户外踢毽子。周末父母带她们跳一次健美操。

第四步 为孩子设计营养方案

每天锻炼之后,孩子很容易感到饿,这时要为孩子增加营养。如每天早上跑步之前,给孩子吃几块饼干,或者吃一块巧克力,防止孩子在跑步的时候感到饿。吃早饭的时候让孩子多吃一个鸡蛋,或者喝一杯牛奶。

上学的时候,在孩子的书包里放上几块饼干,防止他们在学校里突然饿了。吃晚饭的时候,有意地为孩子补充蛋白质等。

第五步 鼓励孩子每天坚持

锻炼身体是十分枯燥的,一开始孩子会有一个疲劳期,他们会感到身体酸痛、疲惫、早上起不来床,这时可以适当减少运动量,但不要终止,要鼓励孩子坚持下去。父母还可以陪着他们一起锻炼,只有坚持下去，才可以有一个强壮的身体和良好的生活状态。

每天坚持锻炼，可以提高孩子的身体素质，培养意志力，一旦形成习惯，对于他们将来的成长非常重要。父母可以通过做计划的方式培养他们这个习惯。

❺ 制订一个认真听老师讲课的计划

孩子上课注意力不集中，看上去是坐在那里40分钟，却不知道老师讲了什么。再就是东张西望，乱说乱动，这样的事情很让人烦恼。这时，不妨为孩子做一个上课听讲的计划，对于培养孩子的注意力很有用处。

第一步　知道老师一天要讲的内容是什么

父母应该关注孩子课程的进度。老师的授课是有安排的，每周进行到哪里，每一节要讲什么，你可以向老师询问，也可以要孩子自己说出来，做到心中有数。

例如，明天的课程安排：

语文课要讲一篇新的课文《秋天》。这篇课文描写了秋高气爽、黄叶飘落、北雁南飞的景象，表达秋天的美好。

数学课要讲几道新的加法算数题，如：

15+21= ?

86+10= ?

18+23= ?

体育课要进行60米赛跑。

手工课要用橡皮泥做一些小动物模型。

……

父母不要觉得把孩子送进学校就不用再管了，实际上，在孩子刚上学的时候，还没有养成正确的学习习惯，没有获得自主学习的能力，上课不太容易保持注意力。这时，父母要了解孩子每一天的学习内容，帮助他们提前做好准备。

第二步　与孩子一起提前准备老师要讲的课程内容

准备不用花太长的时间，让孩子知道老师要讲什么就可以。如：

对于语文课上要讲的《秋天》这篇课文，可以让孩子在早晨花十分钟读一遍。

天气凉了，树叶黄了。一片片叶子从树上落下来。

天空那么蓝，那么高。一群大雁往南飞，一会儿排成个"人"字，一会儿排成个"一"字。

啊！秋天来了。

然后问孩子："这篇课文说的是什么事情呢？"孩子如果理解了，就会说："说的是秋天的景色。"再问孩子："有哪些字不认识、不会写的？"孩子可能说不会写"雁"和"蓝"。可以让他们用铅笔在这些字下面画一条横线，做个记号，上课重点去学。

对于数学课上要讲的两位数加法，可以问孩子："这是什么运算？是几位数的？"孩子如果看懂了就会说："是加法。是两位数的。"

对于体育课要进行的60米赛跑，可以让孩子早上在家里做热身，比如在小区里慢跑十分钟，做几个立定跳远，帮助他们调动身体，为比赛做准备。

对于手工课上要做的橡皮泥模型，可以让孩子提前观察一些小动物都长得什么样子，比如兔子有四条腿、短尾巴、三瓣嘴、长耳朵，等等。

这些准备起来不需要很长时间，却很重要，相当于你给孩子做了预热，让他们知道这一天上课的时候老师要讲什么，到时就很容易进入状态，迅速地理解老师讲课的内容，对于他们保持注意力非常有用。

第三步　了解孩子上课是否听懂了

很多父母发愁："我又不能跟着孩子上课去，怎么知道他上课是否听讲了呢？"其实，你可以从侧面观察孩子是否认真听讲了。

通过打电话、在微信群里发信息，向老师询问孩子上课是否走神了，是否有东张西望的情况，是否主动举手回答老师的提问。

在吃晚饭的时候，可以与孩子聊天，问他:

"今天老师讲的你都听懂了吗？"

"上语文课的时候，把不会写的字学会了吗？"

"上数学课的时候，知道那几道加法题该怎么做了吗？"

"上体育课的时候，60米的比赛跑得怎么样？"

"上手工课的时候，你的小动物模型做得像吗？"

......

通过这样的提问，就可以知道孩子在一天中是否认真听老师讲课了。

父母还可以在孩子晚上写作业的时候，观察他们是否能够把老师布置的作业写完。老师留的作业都是与这一天的课程相关的，如果孩子能够顺利地写完，就说明他们上课认真听讲了。

第四步 每天都要坚持，直到孩子养成习惯

孩子的学习是一个日积月累的事情，不能一下子要孩子把什么都学会了，需要坚持。每天都这样做，积少成多，才能掌握更多的知识和技能。父母要督促孩子每天提前准备老师上课要讲的内容，渐渐地你就会发现，他们会自己主动地去提前读课文，提前算老师要讲的题，然后上课就会非常专注。以后也不需要父母的督促，他们自己就可以做到。

❻ 制订一个专心写作业的计划

每天坚持把作业写好，日积月累，知识才能够增长。但有的父母发现，孩子想不起来写作业，不爱写作业，写作业磨蹭，这时该怎么办？不妨从做计划入手，培养孩子认真写作业的习惯。

第一步 把每天要写的作业写在小本子上

老师每天在课堂上都会留一些作业。为了防止孩子遗忘，可以给孩子准备一个小本子，要他们在上课的时候，把这些作业的内容记下来。老师有的时候还会在微信群里提醒家长一天要写的作业都有哪些，父母这时需要记下来。例如：

语文作业：要朗读一篇课文，有十个生字，每个要写十遍。

算数作业：有五道两位数的减法题。

手工作业：回家按照课本的要求，做一只纸鹤。

体育课：做十个立定跳远。

……

把这些内容一条一条地记下来，放在孩子书桌的一角，让孩子能够看到。这样，他们就知道自己晚上要做什么，避免遗忘。

第二步　父母要督促孩子去想这些作业怎么写

父母应该在吃过晚饭、在孩子玩耍的时候，督促孩子考虑当天的作业。例如孩子正在玩电动车，可以在间隙时间问：

"今天学了几个生字？这些字的笔画都记住了吗？"

"今天学的两位数减法题都会了吗？怎么算？"

"今天手工课老师要求做一只纸鹤，知道怎么折吗？"

这些问题虽然不经意，却可以激发起孩子的思考，使他们能够边玩边去思索，当他们坐在书桌旁的时候，就很容易投入进去。

第三步　父母应该考虑到孩子可能会发问，辅导他们写作业

孩子不会写作业的时候，会表现得磨蹭、拖拉，东张西望，没有耐心。父母发现孩子有这种情况时，要辅导他们写作业。帮助他们把复杂的字写好，把不会做的算数题做对。有些父母不注重这些小的积累，但孩子正是在解决这样的小问题中进步的。把每一个问题都解决好，学习中才会不留疑问，便于成长。

第四步　把孩子不会的作业记下来，交给老师

父母发现孩子不会写的字、不会拼写的单词、不会做的算数题，如果自己也无法解决，应该写在小本子上，让孩子到学校问老师。或者用手机拍下来，通过微信群发给老师。把问题及时地解决，不让"债"越欠越多，对于孩子的学习和成长非常有好处。

父母还要重视老师对作业的批改。老师批改作业时都会写一些批

语，指出孩子的对错情况，这些反馈对于纠正孩子的错误很重要。父母不要忽视，要督促孩子把写错的字、做错的题搞清楚，下次就不会再发生同样的情况。

第五步　鼓励孩子完成作业

每天都坚持写作业是一件很枯燥的事情。有些父母觉得，不就是把生字写几遍，做几道简单的加减法算术题吗？但实际上，把这些做好，同样需要时间的付出和高度的专注力。在孩子写完作业时，父母应该鼓励他们：

"你写得很好，都写对了！"

"你又把作业写好了，妈妈为你高兴！"

"坚持下去，你会学得越来越多！"

……

有了这样的鼓励，孩子就会有信心、坚持每天把作业写好。

培养孩子坚持写作业、把作业写好的习惯很重要，父母可以通过列计划的方式，帮助孩子养成这样的习惯，这对于他们将来的成长会很有帮助。

7 制订一个看故事书的计划，提高阅读和口头表达能力

现在的孩子往往把大量的时间花在看动画片、玩手机游戏上，减少了书面阅读的时间。父母也觉得这些动画片新奇好看，游戏很有意思，所以不加以控制。这是不对的。书面阅读能力对一个人的成长十分重要，我们在生活中绝大部分的交流都是通过书面文字和口头语言进行的，这都需要通过大量的阅读来培养。孩子在将来的学习、生活中，需要大量的书面阅读和口头表达。所以，父母应该有意地培养孩子看书的习惯，提高他们的书面阅读和口头表达能力，这对于他们的成长十分重要。

亲子课堂

你可以按照以下几步去做：

第一步 为孩子选择一些优秀的故事作品

对于3—5岁的孩子，识字能力很有限，父母应该为他们选择以图画为主的故事书，配合文字。例如《狮子王》《斯凯瑞金色童书》《不一样的卡梅拉》等。到了学龄前后，可以给孩子看以讲述知识为主的图画绘本，例如《神奇校车》《昆虫记》《恐龙的故事》等，并且给孩子选择更多的文字作品，如《格林童话》《白雪公主和七个小矮人》《木偶奇遇记》等。

第二步　为孩子安排合适的阅读时间

孩子每天要上幼儿园、上学，回到家里还要玩耍、练字，因此，每天安排看书的时间不宜过长。父母可以把这些故事书摆放在孩子房间里显眼的地方，这样他们感兴趣的时候就会随手拿来翻阅。还可以在晚饭之前，抽出十分钟，拿出其中的一本，比如《小红帽》，与孩子一起读一段。还可以在睡觉前拿起一本，与孩子一起看一段。充分利用零散时间去看这些故事书。

第三步　父母要陪同他们阅读，帮助理解

孩子的阅读理解能力很有限，靠自己很难充分弄清这些故事的含义。父母要与他们一起看。在看书的过程中，父母要帮助他们认识生字，搞清楚故事的主人公的经历：主人公是谁？遇到了哪些困难？是如何解决的？例如《小红帽》，在看完之后可以问孩子：

"小红帽是谁？她为什么叫小红帽？"

"她遇到了什么麻烦？"

"她面对困难是怎么做的？是如何战胜大灰狼的？"

……

这样，孩子就可以充分地理解这些故事的内容，从主人公的经历中学到知识，把他们当成自己的榜样。在这个过程中，还可以让孩子大声地朗读故事内容，提高口头表达能力。

第四步　日积月累，形成良好的看书的习惯

孩子的书面阅读和口头表达能力的提升是一个日积月累的过程，父母可以根据他们的年龄买一些合适的故事书，一起去看、讨论，充分理解故事的内容，鼓励孩子大声地朗读，勇敢地说出自己的见解。当孩子的阅读能力提升的时候，他们就会自己找书看，主动去从书中发现更多的知识和乐趣，能力会更加提升。

概言之，父母要有意地培养孩子爱看书的好习惯，帮助他们提高书面阅读能力和口头表达能力，这对于他们以后的学习和生活十分重要。

8 制订一个写字、背单词的计划

孩子在3—8岁时是学习语言的关键期，在这个阶段，父母应该有意地督促他们去练字、背单词，打好语言的基础。

第一步　搞清楚孩子常用的汉字、英语单词有哪些

一般来讲，孩子在学龄前后能够认识三四百个常用汉字就可以了。这些汉字在幼儿园的识字课本里都有。认识了这些常见的汉字，就可以阅读一些简单的故事书、看懂连环画，帮助孩子进一步地学习汉语。

同时，如果家庭条件允许，父母也可以让孩子学习一些常用的英语单词，达到一两百个即可。认识些简单的单词，孩子可以进行基本的英语对话，看懂一些英语启蒙读物，对以后的学习很有帮助。

有的父母急于让孩子认识很多字、背很多单词，但实际上这并无必要。因为孩子的记忆属于机械记忆，即使一下记住很多，但如果不能充分理解含义，就很容易遗忘。而且，进行大量的机械记忆还会占用孩子的时间，影响他们的正常生活。学习在生活中用得上的汉字、英语单词即可。

第二步　搞清楚常用汉字的笔画、英语单词的发音规则

有些父母，为了让孩子练字，就拿出一个田字格本，给孩子一支笔，列出一些汉字，告诉他们：“把这些字每个抄二十遍。”这样的做法太过粗糙。汉字的书写是比较复杂的。一个字通常有多个笔画，这些笔画又有一定的顺序，对于孩子来说，想准确、工整地写下来不是一件容易的事。父母要把这些汉字的笔画按顺序写在田字格本的前几行，让孩子模仿，孩子才能够正确地书写。

对于英语，由于英语的特点是以发音为主，所以先要搞清楚每一个单词由哪些发音音节组成，然后再去书写和朗读，就容易许多。

第三步　安排合适的时间，做适当的练习，形成记忆

练字、背单词的时间可以安排在孩子时间比较充裕的时候。例如下午孩子放学之后、周五的晚上、周六或者周日。每一次的练习时间不宜过长，一般来说，一次的练习不要超过四十分钟。在进行到二十分钟时，可以要他们站起来活动一下身体，看一会窗外的风景，缓解疲劳，保护眼睛。

学习任何知识都需要一定的重复练习。但每次重复的次数不要太多。写字、背单词是一件很枯燥的事情，长时间的重复练习，孩子很容易失去兴趣。每一个字重复练习不要超过十遍，一次练习不要超过十个汉字。英语单词也是如此。这样有助于让孩子保持专注。如果你担心孩子记不住，可以隔一两天再对这些汉字、单词进行一次重复练习，孩子就容易记住了。

第四步 增加写字、背单词的趣味性

练字、背单词是很枯燥的，为了让孩子产生兴趣，应该让孩子理解一个汉字或者一个英语单词的意思是什么，把它们放到生活场景当中去。比如你在教孩子写"红"字，除了让孩子记住它的笔画顺序之外，还可以组一些词，如：红衣服、红裤子、红领带……并且把这些实物拿给孩子看，孩子就会增加感性认识，更容易记住。

生活中要利用各种机会帮助孩子去巩固记忆，例如你带孩子到超市购物，可以与孩子一起认识商品标签上的名称，这样既认识了商品，又巩固了对汉字的记忆。

第五步 父母要观察孩子的练字、记单词情况

在孩子练字、背单词的时候，父母要注意观察。孩子可能会出现写错字、分心、拖延等情况。这时你要介入，帮助孩子改正写错的字。发

现他们故意拖延，要鼓励他们："把这几个字坚持写完，不要放弃。""认识了这些字，将来才能够看有趣的故事书。""妈妈陪你一起写，好不好?"……让孩子坚持下去。

概言之，父母要通过做计划的方式，让孩子坚持练字、背单词，帮助他们打好语言的基础，为将来的学习和生活做好准备。

⑨ 制订一个整理房间、做清扫的计划

孩子到了五六岁的年龄，父母应该有意地要他们整理自己的房间，培养爱整洁，做事有次序、有规律的好习惯。

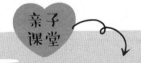

让孩子把自己的玩具、文具归类整理

孩子用过的铅笔、画笔、橡皮等文具，要放回文具盒里，再次使用的时候随手就能找到。每次用过的积木、拼图、棋类，应该放回包装盒子，不要

到处乱丢,如果少了一块积木、图板或一枚棋子,再玩的时候就会受影响。

玩过的汽车、坦克模型,玩具枪,或者布娃娃、动物玩偶,要放在固定的位置,不要每次使用的时候都到处找。

看过的故事书要码放在书架或者书桌上,不要随处摆放,导致折损、缺页。

每天早上起床后要整理自己的床铺、生活用品

孩子每天早上起床后,父母要督促他们把自己的被子叠好,放在床铺的一角,枕头码在叠好的被子上。拖鞋不使用时要两只对齐、摆放在床下,便于下次使用的时候可以很快找到。洗脸、刷牙之后,毛巾要整齐地挂在毛巾架上,牙刷、牙膏要放回洗漱杯里,再放在洗漱台的一角。

每隔三天左右打扫一次自己的房间

打扫房间的时候,要孩子把自己的衣服整齐地挂在衣柜里,把被子叠放整齐,玩具放回原处,书本摆放在书桌上。可以要孩子用扫把清扫一下地板,再用拧干的抹布擦一下,这样房间看上去就很整齐干净了。

对于5~7岁的孩子来说,这些劳动是可以胜任的。既能够锻炼动手能力,又能够体会到收获的喜悦。但注意不要让孩子做危险的劳动,比如擦窗户,或者用湿抹布擦电源等,父母一定要注意监护。

让孩子适度地参与父母的家务劳动

比如你在擦地板的时候,可以给孩子准备一小块抹布,让他们在你

身边适度地参与：你在洗衣服的时候，让孩子洗一块手帕或者自己的毛巾；又或者你在厨房做饭，可以让他们帮着洗一把青菜，等等。

父母应该为孩子制订合适的劳动计划，让他们打扫自己的房间。在这个过程中，既可以提高孩子的动手能力、学习技能，又能够让孩子收获耐心，帮助以后的成长。

⑩ 制订一个看电视、玩游戏的计划

很多父母都有这样的经历：孩子看起动画片来眼睛就离不开电视屏幕，玩起手机游戏来就不能罢手。如果强行把电视关掉、把手机拿走，他们还是没办法把心收回来，甚至还以哭闹相威胁，弄得自己很烦恼。这个时候，可以用做计划的方式去控制他们看电视、玩游戏的时间。

第一步 跟孩子提前约定每天看电视、玩游戏的时间

孩子的天性喜欢新鲜的事情，喜欢动画片有趣的故事情节、手机游戏漂亮的画面。让孩子适度地看电视、玩游戏对于他们的思维成长是有好处的，但如果过度，孩子就可能会沉迷其中，产生负面的效果。这时，可以与他们一起约定时间，对孩子说：

"我们一起来定看电视、玩游戏的时间吧！"

"约好了时间，到时候妈妈就准许你看电视、玩游戏。"

"定好了时间，妈妈到时候陪你一起玩。"

……

在孩子的心目中，你通常只是他们兴趣的破坏人，随时会阻止他们做这些事情。所以，听到你与他们商量，他们会很高兴。

这时，你可以对他们说：

"晚饭之前可以玩20分钟的手机游戏。吃过晚饭后看半个小时的动画片，好不好？"

孩子的时间观念是很弱的，他们一开始不太知道20分钟或者半个小时有多久，会犹豫。你可以说：

"就和你以前玩游戏、看电视的时间是一样的啊！"

这样他们就明白了。

最好把这样的约定写在一个小本子或者白板上，让孩子能够看到，这对他们有提示作用。

第二步 监督孩子按计划去做

虽然有了计划，但是孩子却不会主动去实行。他们的天性是自由的。早上吃过早饭，离上学还有十分钟的时间，他们可能会突然想起来拿起你的手机要玩游戏。这时可以对他们说：

"我们不是约好了吗？晚饭之前可以玩20分钟的游戏。"

在你的提示之下，孩子就会想起约定，不再坚持。

放学回来之后，孩子可能一时来兴趣想看故事书，没想起来玩游戏，这时你可以对他们说：

"我们约好了晚饭之前玩20分钟的手机游戏，你不想玩了？"

如果孩子有兴致，就允许他们去玩。

吃过晚饭之后，孩子可能看了半个小时的动画片，但还是不愿意关掉电视，这时可以对孩子说："我们可是约定好的啊－只看半个小时，看多了会累眼睛，还影响一会儿写作业。"

有了你的提示，再加上先前的约定，孩子就不会那么坚持地盯着电视机不放。

第三步　给孩子讲控制看电视、玩游戏时间的好处

孩子思维还没发育完全，他们不太懂得需要控制自己、掌握时间。父母可以告诉他们：

"看太多电视会累眼睛。"

"总玩游戏不仅使身体很累，还会得近视眼。"

"不遵守时间，会影响做别的事情。"

父母还可以带孩子做一些体育活动，转移他们的注意力，避免沉迷在电视和手机游戏当中。

第四步　父母可以适当地陪孩子看电视、玩游戏

父母在闲暇的时候，可以陪孩子一起看电视。孩子之所以盯着电视不愿离开，是因为他们对动画片中人物的故事经历感兴趣；不肯放下手机，是因为对游戏中的通关技巧很感兴趣。父母可以与他们一起看动画片，一边看一边分析片中的故事情节：农场里的小羊们是怎样战胜灰太狼的？森林里的熊兄弟是如何阻止光头强破坏植物的？《猫和老鼠》里的杰瑞鼠是如何躲过汤姆猫的追击的？……父母也可以与孩子一起分析手机的游戏技巧，如在"愤怒的小鸟"里，如何发射小鸟，才能够准确地击退来偷鸟蛋的笨猪，等等。孩子一旦了解了故事的情节、知道了玩游戏的技巧，他们的兴趣就会下降，不再沉迷。

第五步　鼓励孩子遵守时间的约定

孩子天性自由、随心所欲，一开始是不愿意遵守这样的约定的，父母要督促他们。当他们做得很好时，要鼓励他们。久而久之，孩子就会养成习惯，到了时间，自己就会主动地关掉电视，交还手机，安静地去写作业。

总之，当你发现孩子不听话，沉迷在电视、手机游戏中不能自拔的时候，不妨用制订计划的方式去控制他们的时间，对他们养成好习惯会非常有用。

⑪ 制订一个收支的计划，提高算数能力

父母可以为孩子做一个收支的计划，培养他们规划生活、不乱花钱的好习惯，让他们懂得生活的来之不易。还可以在这个过程中培养他们对数字的敏感性。

你可以按以下几步去着手：

第一步　把孩子常用的支出项目列出来

孩子还小，父母给他们列计划，不是要他们去承担生活的责任，而是要培养他们规划生活、节约用钱的好习惯。可以把与孩子有关的一些支出项目列出来，尤其要把孩子自己主动要求的那些支出列出来，比如购买玩具、零食、文具、衣物等。父母感到孩子总是不停地索要零食、玩具时，把这些项目的支出列成计划，这对于控制孩子乱花钱会很有用。

第二步　把孩子在这些项目上预计的花销列出来

你可以与孩子一起把一周要用的零花钱都列出来，写在一个账本上。如：

每天购买酸奶1瓶：价格2元，7天要花去14元。

每周购买巧克力1盒,价格20元。

每周购买冰淇淋3支,价格15元。

每周购买饼干2筒,价格12元。

每周购买果汁5瓶,价格15元。

本周预计购买遥控电动车一部,价格80元(对于女孩子,购买布偶1个,价格50元)。

本周共预计花费156元(这是男孩子的,如果是女孩子,预计花销126元)。

把这样的花销列出来,计算出总数。让孩子知道他们这一周要花掉多少钱。可以让孩子一起参与计算的过程。这种程度的加减法,低年级的孩子是可以胜任的。

每周都坚持做这样的计划。

第三步 控制孩子的花销,让孩子知道他们花了多少钱

已经列好了计划,就要执行。对在计划之外的开销要严格控制。当孩子不停地索要新的零食、玩具时,可以对他们说:

"我们不是说好了吗?这一周就买这些东西。"

"这个星期你已经花了一百多了,再买,就超支了!"

"这些已经够你用的了,再买就用不完了。"

"爸爸妈妈赚钱也是很辛苦的,要节约用钱哦!"

……

通过这样的监督,就可以控制孩子乱花钱。

第四步 适当地给孩子一些零花钱，让他们自己支配，但要记账

逢年过节、亲友来访，往往会给孩子一些压岁钱，父母也会时不时地给孩子一些零花钱。父母往往不知道这些钱怎么用。这时，你可以对孩子说：

"你的这些钱爸爸妈妈给你存着，有你想买的东西时再使用好不好？"然后让孩子把这笔钱的总数记在账本上。

待孩子看上一个新的文具盒、一双漂亮的新鞋、一个新玩具的时候，央求着你一定要买，这时你可以对他们说："我们用你的零花钱去买好不好？"

在孩子同意之后，你再把他们想要的物品买回来，扣除用掉的钱，再把剩余的数目写在账本上，然后对孩子说：

"你的钱还有这么多，还是放在妈妈这，下次需要的时候再用。"

这个记账的过程也可以让孩子自己去做，以提高他们的算数能力，增强对数字的敏感性。

通过做这样的计划，你就可以培养孩子节约用钱、规划生活的好习惯，还可以定期让孩子算算自己在这一段时间内花了多少钱，提高算数能力。

12 与孩子一起讨论一段时间以来执行计划的得失

前面我们已经告诉了父母该怎样为孩子做一个写作业的计划、听讲的计划、锻炼身体的计划、收支的计划……这些计划是必要的，可以让孩子养成遇事提前准备的好习惯。

在制订了这些计划之后，我们还要让孩子学会总结，回顾一段时间以来计划执行的情况，总结经验教训，下次把事情做得更好。

例如，对于听讲的计划，在执行了一个星期之后，可以询问孩子在执行计划的时候是否有困难：

"现在上课的时候能够听懂老师的讲课了吗？"

"老师上课的提问你能回答出来了吗？"

对于写作业的计划，可以问孩子：

"现在写作业还有不会的题吗？"

"交上去的作业老师满意吗？"

对于锻炼身体的计划，可以问：

"这段时间感觉累不累？"

"是不是感觉身体更有劲了？"

……

与孩子一起讨论一段时间以来事情做得如何，对于做得不好的要加以改进。如：孩子反映上课有听不懂的地方，可以由父母讲解或者向老师反映，尽早弄懂；孩子反映作业太多、写不完，可以向老师提出意见，适当地减少作业的数量；如果孩子身体很疲惫，可以适度削减锻炼的时间。

通过这样的沟通，可以更好地掌握孩子对计划的执行情况，及时地修改，帮助他们形成完善的行为模式和良好的习惯。

13 日积月累——让小目标变成大目标

虽然我们要求孩子做的都是一些小事，但是不要小瞧它们，坚持下去，把小事积累起来，将来就能做大事。

一百多年前，在美国西部的农场上，两个十来岁的孩子正赶着一群羊在草地放牧。他们把羊赶到一个小山坡旁，让羊在山坡下吃草。两个人坐在一块大石头上休息。风从身边吹过，十分凉爽。这时，有一群大雁鸣叫着从他们头顶飞过，发出"嘎——嘎——"的叫声。大一些的孩子说："做一只鸟儿真好，可以在天上飞翔，想去哪去哪。"

小的孩子撇了撇嘴："那怎么可能呢？我们没有翅膀，是飞不起来的。"

大孩子也叹了口气，随手从地上抓起一把落叶，扔了出去。其中，有一片叶子在轻风中飘了起来，竟然飞得很远。

两兄弟不约而同地被这片叶子吸引了。

大的孩子说："弟弟，如果我们去想办法，也许也能像这片叶子一样飞起来！"

弟弟也很有兴趣："是啊，也许我们也可以做到！"

从那时起，他们开始为这一目标而努力。他们在自己家的仓库里建起了小实验室，用纸板、薄木板开始制作飞行器的模型，然后在有风的天气去放飞。

一开始，他们只能够做很小的模型，而且飞不了多远就掉下来。渐渐的，他们把模型做得更大，飞得也越来越平稳了。他们还给飞机加上了发动机和螺旋桨。

就这样，他们一直为自己飞上蓝天的目标而努力。二十年后，他们终于造出了世界上第一架飞机，实现了他们儿时的在天空飞翔的梦想。

这两个孩子就是莱特兄弟，他们是世界上第一架飞机的发明人。

莱特兄弟的经历说明了什么？只要我们有目标，并且坚持努力，就会有收获。从小目标开始，日积月累，一步一个脚印，就可以做大事，取得成功！

亲子课堂

　　父母给孩子做的计划也是如此。虽然这些计划列出的只是生活中的一些琐事，比如按时起居、锻炼身体、控制玩游戏的时间、认真听老师讲课、写作业……看上去很不起眼，但孩子正是在这样的过程中一步一步成长的。如果忽视了它们，孩子就无法养成好的习惯，就会变得懒散、任性，失去专注。

　　所以，不要忽视这些不起眼的小事。很多父母觉得，平时放松一些就放松一些吧，关键时候能提起精神就行。但是，如果在平时不注重好习惯的培养，当真正面对挑战的时候，又怎么能够拿出信心和毅力把事情做好呢？

　　父母们一定要从现在开始，从这些小的目标开始去培养孩子。为孩子列出计划，鼓励他们坚持，让他们在这样的小事中形成自律、认真的习惯，这样，他们将来才能够做大事。

14 怎样拒绝孩子不合理的要求?

父母们常常会有这样的经历:孩子提出一些不合理的要求,如果答应,就会助长他们的坏习惯;但如果不答应,他们就会哭闹,父母在这时往往不知道该怎么办。

孩子年龄还小,他们对生活的认识很简单,不知道要约束自己。但是,如果我们粗暴地拒绝他们,却可能让他们觉得难以接受,留下心理阴影,影响将来的成长。父母要学会用正确的方法去教育他们,要满足他们的合理要求,同时又要避免他们索要无度,养成坏习惯。

一位母亲对我说,她的儿子快七岁了,天真可爱,可就是性格比较任性,爸爸、爷爷和奶奶都很宠爱他,如果他有什么要求,都会满足他。不仅如此,为了表示自己更爱孩子,几位长辈还抢着给孩子买礼物,爷爷买糖果,奶奶买鞋子,爸爸买冲锋枪……当妈妈想管教孩子的时候,发现孩子很不听话。

比如在吃饭的时候,孩子非要一边吃饭一边玩手机游戏,妈妈劝阻他:"边吃饭边玩游戏,会把眼睛累坏的。"他却这样回答:"妈妈,没关系的,我能右手拿筷子吃饭、左手打游戏,没影响的,不信——你看!"然后做出一边吃饭一边玩游戏的样子。

吃好饭,该写作业了,他磨磨蹭蹭地不想去写,恳求:"妈妈,我好累,今天不想写了,让我到外面玩一会电子滑板吧。"妈妈批评他,他却嬉皮笑脸的,不当回事,还抱着妈妈的腿,嘴里恳求:"妈妈,就这一次,行吗?就这一次。"让这位妈妈束手无策。

如果妈妈批评得狠了,孩子就会委屈地哭,找爸爸、爷爷和奶奶告状:"妈妈不爱我了,妈妈不爱我了!"

但是这样下去怎么行呢？这位妈妈发现，孩子在生活中变得很任性，自己对他提出的要求，他大都是有意地推脱，如果继续下去，势必会养成很多不好的习惯。

面对孩子天真的面孔，很多父母都不知道该怎么拒绝他们。那么，该怎样做，才能够既不伤到孩子的感情，又能够达到教育孩子的目的呢？

告诉孩子错在哪里

当孩子向你提出不合理的要求时，要心平气和地对他们说出拒绝他们的理由。例如，孩子无度地向你索要零食，要买巧克力、汽水、辣条等，可以对他说：

"吃太多的甜食会坏了牙齿，不能再买巧克力了。"

"你已经喝了很多汽水了，再喝会坏肚子。"

"辣条吃多了会伤身体。"

当他们已经有了文具盒、鞋子，又想让你给他们买新的，这时候可以告诉他们：

"你已经有了文具盒，很漂亮，不必要再买新的了。"

"你的鞋子已经够用了，再买也用不上啊。"

告诉孩子你拒绝他们的理由，孩子虽然可能会一时很难接受，但慢慢地就会明白凡事不能随心所欲。

不要对孩子吼叫，用温和的态度去拒绝孩子

很多父母在拒绝孩子的时候不注意态度，用生硬的语言去表达，

甚至对孩子吼叫，这是不对的。

孩子的年龄还小，生活知识有限，对很多事情都无法充分地理解，你用很生硬的态度去拒绝，他们会以为你不喜欢他们，从而对你疏远。如果总是这样对他们吼叫，还会在他们的内心里留下阴影，影响性格发育，甚至影响到心理健康。正确的办法是用温和的态度与孩子沟通。要告诉孩子：你并不是不喜欢他们，只是就这一件不喜欢他们的做法。可以这样对孩子说：

"妈妈爱你，但你这样做妈妈会很不高兴。"

"不管是谁，这样做都是不对的！"

"妈妈不希望你这样做，这是不合理的。"

孩子可能一时接受不了，会哭、会闹，你可以在一旁安静地等着，等待他们安静下来。在这个过程中，他们会意识到自己的要求并不合理，接受你的要求。

给孩子提前做出计划、安排

有些父母总是在心血来潮的时候给孩子买一大堆零食、文具、衣物、玩具等，这确实会给孩子一个突然惊喜，但总是如此，会让孩子觉得做任何事情都是可以随心所欲的，对于培养他们的好习惯没有好处。要给他们提前做出安排，比如可以这样对孩子说：

"下周你要开学，妈妈送你一个新的文具盒，好不好？"

"明天是周日，我们一起去超市买些饼干、糖果，在下周吃，怎么样？"

"再过几天就是你的生日了，你想要一件什么样的礼物？"

把关于孩子的安排提前告诉他们，让他们心里有一个期待，知道你是为他们着想的，生活是有计划的。渐渐的，他们就会养成习惯，学会计划，不随意地要你买东西。

与孩子一起讨论关于他们的事情

孩子对生活的认识很有限，他们不太懂得自己需要什么，也不懂得控制自己。父母可以在平时就与孩子商量关于他们的事情，让他们学会自己去规划生活。

比如你发现孩子的鞋穿得不合适了，可以对孩子说："这双鞋穿得有点小了，我们周日一起去买一双新的吧。"这样孩子就会明白，在鞋子不合适的时候才需要去买，而不是随时去买。

又比如你带着孩子在超市买东西，可以问他："我们买几包饼干合适呢？"让孩子自己去考虑在一周的时间里，他们会需要多少包饼干，这既是对孩子思维的一种锻炼，又可以让他们学会计划，避免不必要的浪费。

父母可以有意地与孩子一起商量关于他们的事情，让孩子学会去思考、计划自己的事情，就不会再浪费。

概言之，父母要记住：要用温和的态度去拒绝孩子，既要满足他们生活成长的需要，又要让他们明白不合理的要求是不能随便满足的，这样才能够养成好习惯，帮助他们健康地成长。

15 父母要有耐心，不能急于求成

父母培养孩子要有耐心。

有不少父母，他们给孩子列出了培养的方案和计划，但是没过多久，就心急如焚地找到我，着急地问："孩子没变化啊，晚上还是磨蹭，写作业还不是专心，做事情还是拖拖拉拉的，一点都不认真。"

好的习惯不是几天之内就可以养成的。我们都知道有一个成语故事叫"拔苗助长"。从前有一个农夫，他在地里种下了禾苗，盼着它们快点长大，就每天到田边去看。一天、两天、三天……过了好几天，禾苗好像一点儿也没有往上长。农夫在田边焦急地转来转去，终于想出了办法，他把禾苗一棵棵地拔起来一些，禾苗好像长高了，结果呢，太阳一出来，禾苗全都枯死了。

做任何事情都需要一个过程，不可能一下子就做到。教育学家认为，人们习惯的养成需要时间。每一个习惯都是一个心理与行为的序列，需要经过长时间不断地练习和强化，才能够形成稳定的神经联结和行为模式，变成人们的记忆，能够自动地执行，这就需要父母要有耐心。

我们不能期望孩子一下子就变得认真、自律，养成很多好的习惯，那不符合孩子思维与身体成长的现实。父母要做的是，从每天的一件件小事做起，每一次按时起床、每一次锻炼身体、每一次洗好自己的手帕、每一次按时完成作业……都是一种进步。这些进步看上去是微小的，但是继续下去，积累起来，就会变得很强大，变成孩子内在的需求，变成他们稳定的行为模式，那时，他们就会自发地去做。

到那时，你就会看到他们不管做什么事情都很专注、认真，有条不紊、坚持到底，能够独立自主地把事情做好。那时候，他们就获得了生活的能力，可以不断地自主学习和克服困难，走向幸福和成功。

第五章

生活中应该培养孩子的哪些好习惯

① 培养孩子遵守时间的好习惯

遵守时间很重要。人的时间是很有限的，只有充分、有效地利用时间，才能够既成功地掌握知识，又快乐地生活。我们要让孩子每一天的生活都有规律，到了规定的时间就做规定的事，坚持下去养成习惯，做事就会有效率，在生活与事业上取得成功。

我国大文学家鲁迅工作起来十分勤奋，他一生写了大量的小说、散文、杂文，对我国文学事业的发展做出了很大的贡献。他取得这样的成就，与自己遵守时间、坚持努力有着密不可分的关系。

在鲁迅纪念馆里有一张他小时候用过的书桌，上面刻着一个小小的"早"字。这个"早"字有一段来历。鲁迅小时候，他的父亲得了病。鲁迅一边上学，一边帮着母亲料理家务，很繁忙。有一天早晨，因为照顾父亲，鲁迅上学迟到了。等他来到教室的时候，别的同学都已经坐在座位上朗朗地读书了。教书的老先生看到鲁迅迟到了，严厉批评他说："如果你每天都迟到，以后就会一无所成，以后要早到！"鲁迅听了老先生的批评，没有争辩，他默默地回到座位上，在那张旧书桌上刻了个"早"字。从那以后，鲁迅上学再也没有迟到过，而且时时早，事事早，毫不松懈地奋斗了一生，终于成为一代文豪。

我时常会接到一些父母的电话、微信，他们抱怨："我的孩子不守时，晚上到了时间还不睡，早上该起床了叫不醒，坐在电视机前面就不离开，去游乐园玩起来就不肯走，把我的口水都说干了、喉咙都喊破了都没用。该怎么办？"

有这种情况发生，是因为孩子还不懂得生活有规律的用处。这个时候，你就需要让孩子养成遵守时间的习惯。

为什么要遵守时间？教育学家认为，一个人的体力、精力都是有限的。如果我们随心所欲，想起来干什么就去干什么，每天的生活都没规律，就无法保持专注，做起事来就会分心、效率低。但是如果每天都遵守时间，在规定的时间内做规定的事，就会形成生理和心理上的节律，容易集中注意力投入进去，把事情做好。

所以，父母一定要让孩子学会遵守时间，给他们制订时间方案。

规定起床、休息的起居时间

父母可能会发愁：孩子晚上到了时间不肯上床休息，到了早上叫不起来。这就需要你去给他们规定时间，帮助他们养成习惯。

比如你可以规定孩子晚上必须在八点半上床休息，但实际上你也知道这很难做到。你真正的目标是要他们在九点能够安静下来、上床休息。到了八点半，你要他们洗漱，他们仍然精力充沛，还要看电视、听你讲故事，当你反复催促他们时，孩子会不高兴，与你"抗争"，更兴奋了。但不要放弃，一开始总会是这样，因为孩子还没养成习惯。在开始阶段你要有耐心，在他们兴奋地与你撒娇、与你躲猫猫、找各种理由推脱时，要平静地允许他们这样做。孩子虽然很兴奋，但他们的兴奋是有限度的，过一会，就会失去与你继续"对抗"的兴趣，安静下来。你要做的，就是守在一旁，等他们自己安静下来，然后提出你的要求。在这个过程中，可以允许他们在地上翻几个跟头，在各个房间里跑几个来回，应他们的要求讲一个故事，让他们把多余的精力给释放了，他们自然就会躺下去休息。这个过程用不了太长时间，最多半个小时他们的兴奋就会过去。虽然你花费了一些周折，但是孩子却可以随后安然入睡。

但如果你强行要求他们乖乖地躺在那里睡觉，那么睡觉就可能变成一场"战争"：他们坚决不听从，而你一定要这样做，互不相让，最后很可能是孩子大哭大闹一场，可能会延续一个小时，甚至两个小时，这样直到半夜都没办法休息了。

早上起床也是类似的。你要给孩子规定起床的时间，给他们定好闹钟。但在心里你要知道，你是无法让他们听到闹钟就马上起床穿衣的。在六点半，当闹钟第一次响起的时候，他们还在睡眼蒙眬，虽然嘴上答应着你，但是身体却一动不动。这时，你不要急着去催促他们，可以坐在床边，然后轻轻地对他们说话：

"现在几点了？"

"今天早上要吃什么？还吃煮鸡蛋和麦片好吗？"

"今天要上什么课来着？"

……

你的这些话声音并不大，但是他们在昏昏沉沉之中，却可以慢慢地变得清醒，注意力集中起来。

然后到了六点四十分闹钟第二次响起的时候，他们的身体和内心已经做好了准备，这时你再叫他们起床，大都可以成功，可以穿衣服、洗漱，等等。

我们很难让孩子一下子就做到马上入睡或者马上起床，但可以用这样的方式去做。

规定玩耍、做游戏的时间

孩子天生好奇心重、爱玩。对动画片、玩具、手机和平板电脑游戏等很感兴趣，好看的电视画面，发出各种声响、还会动的玩具，以及好玩的手机游戏情节都很容易让他们着迷。你不让他们看、玩是不可能的，但长时间看电视、玩游戏，对身体、对眼睛都不好。

正确的办法是去给他们规定时间。他们自己无法控制自己，一玩起来就不能罢手，你在一开始可以陪着他们一起看电视、玩玩具和游戏，边看、边玩，边给他们提醒。

"我们今天只能够玩半个小时，玩多了就会伤身体、累眼睛。"

"玩够了就可以了，不要总玩，会影响别的事情。"

"今天玩半个小时，明天再继续，好不好？"

......

经过这样的提醒，孩子明白并且慢慢接受玩耍起来要有时间限度。

规定看书、写字、写作业的时间

孩子每天都要看几页故事书、练字、写作业。日积月累，他们的知识才能够增长。父母需要规定时间，让他们每天坚持这样做。长期下去就会养成良好的学习习惯。

父母可以根据孩子每天的学业情况规定时间，时间不要太长，合适即可。例如每天晚上要写一个小时的作业，这对于现在一般的学校功课是足够了。

每天晚上可以与孩子一起读几页故事书，这对于他们阅读能力的提高会很有好处。

周末，可以带孩子去看一部儿童影片，去博物馆、动物园游玩，帮助他们开阔视野。

规定体育活动、锻炼的时间

让孩子有一个强壮的身体，他们将来才能够应付学习与生活的挑战。父母要从小给孩子培养锻炼身体的习惯。

例如清晨可以抽出二十分钟的时间，带孩子到小区里跑步，做单杠练习。晚上，吃过晚饭之后，带孩子到广场上去散步、踢毽子等。周末，可以带孩子到体育馆打乒乓、到体育场踢足球，这对于他们加强身体素质、提高意志力会很有好处。

规定做家务的时间

有些父母总觉得"孩子还小，有什么事由我代劳就行了"，这是不对的。孩子的独立生活能力需要一点点来培养。从小就做一些力所能及的事情，可以培养动手能力，对于他们将来的成长会很有好处。

可以选择一些适合孩子的劳动。例如让孩子帮着择菜，把黄叶、老叶去掉，把菜根去掉；可以让孩子打扫自己的房间，把地板擦干净，把床上的被子叠放整齐；让孩子洗自己的手帕、背心、短裤；让孩子帮着给家里的花浇水、除草。这些劳动并不起眼，但是对于培养孩子的身体协调能力、动手能力会很有用，还可以提高孩子的耐心和独立生活的能力。坚持下去，对于他们将来的生活会很有帮助。

对孩子的拖延、推脱要有应对方案

父母在给孩子规定时间方案的时候，要充分地考虑到，孩子会与你"抗争"。他们不会轻易地听从你的话。但不要着急，这是他们成长过程的一部分。他们像一匹匹喜欢在草原上驰骋的小马，还不适应你给他们加上的缰绳。这需要时间。对你的种种命令，他们会做出种种拖延，如：

对你的话装作没听到；

稍微表现好一些的可能会很不耐烦地回应你的催促："不要喊了，我还没玩够！"

在你催促他们的时候，与你讨价还价："再玩五分钟，就五分钟，行吗？"

勉强按你说的去做了，比如去洗自己的手帕，却把水溅得到处都是；坐在书桌旁写作业，却心不在焉；躺在床上，却不断地蹬被子，等等。

有的还会扔下玩具，扔下手中的笔，躺在地上打滚，对你大哭。

……

父母要明白，这都是孩子正常的反应，是他们成长过程的一部分，要做好准备方案。

例如：当孩子玩游戏不能住手、拖延的时候，可以提醒孩子："我们约好了每天只能够玩半个小时的。"

当孩子写作业心不在焉的时候，过去陪着孩子一起一个笔画一个笔画地写好，一道题一道题地算好，帮助他们把心收回来。

当孩子洗手帕把水溅得到处都是的时候，与他们一起洗手帕，告诉他们如何揉搓才能洗干净.

与孩子一起去完成, 在你的陪伴下, 孩子就会有信心, 专心地把事情做好, 直到养成习惯.

对孩子要坚持原则, 但又可以适度地让步

父母要注意一点, 对孩子既要有"强硬"的措施, 又要灵活, 适当地让步.

例如周末你带孩子到游乐园玩耍, 说好了两个小时以后回家. 在玩过了充气城堡、蹦床、套圈、水池钓鱼等游戏之后, 时间已经过去两个小时了, 但孩子还没玩够, 还想继续玩. 这时, 如果你强行让他离开, 难免会让他扫兴, 与你大闹一场. 这时, 不妨先对他说:"我们不能再玩了, 已经玩了两个小时, 来之前说好了玩两个小时就结束的!"

孩子一定会依依不舍. 这时, 你不妨再松动一下, 对他说:"要不我们再玩一次, 再玩最后一个游戏, 但这之后就一定回家, 好不好?"

这样, 既让孩子的兴致得到了满足, 同时, 又体现了你的权威.

生活中父母要灵活掌握这种尺度, 既要让孩子明白, 定好的时间是不能够轻易更改的, 又让他们明白, 你是爱他们的, 在条件允许的范围内可以适当地为他们松动. 这会让你们的关系更和谐.

让孩子充分地利用时间, 提高效率

要让孩子学会充分地利用时间、提高效率. 有些孩子虽然坐在那里写作业, 其实心思根本没在那里, 这样, 即使坐得再久也不会有效果.

遇到这种情况，父母要与他们一起去做。比如写字的时候，与他们一起一笔一画地去写，做加法算数题的时候，与他们一起一个数位一个数位地去加，培养他们认真的态度，按部就班地把事情做好，久而久之，就会养成习惯，做事情的效率就会提高。

做其他事情也是如此。告诉孩子：不管做什么，都要投入、专注，用最少的时间把事情做好，节约出来的时间就可以去玩，去做更多的事情。

教会孩子利用闲散时间

生活中的闲散时间虽然看上去不起眼，但如果能够利用起来，对孩子的学习和成长也会很有好处。例如在早上，在送孩子上学的途中，看到路边一些道路的指示牌，可以问孩子："那叫什么路，能认出来吗？"周末带着孩子到动物园去玩，看到动物的馆舍上面写着动物的英文名称，可以与孩子一起读出来；晚上回到家里，离吃饭还有一段时间，孩子和你都闲着没事，可以对孩子说："我们一起跳一段广播体操吧！"带孩子逛超市，买了好几样物品之后，可以指着标签问："我们要付多少钱？"让孩子试着练习算数，等等。这些小事就像做游戏一样，但如果能够充分利用闲散的时间，孩子在这个过程中就可以积累知识，锻炼身体，还能够养成充分利用时间的好习惯，对他们将来的成长很有好处。

父母要以身作则，给孩子作示范

如果孩子的生活是乱糟糟的毫无头绪，父母的生活也大都如此。

这是因为在家庭中，孩子模仿父母的行为已经成为习惯。

所以，父母自己就要学会规划时间，给孩子作出榜样。例如，父母要有规律作息，坚持锻炼，玩游戏的时候能够控制时间，看起电视剧来不沉迷，做事情坚持到底……就会在潜移默化之中影响孩子，让他们也有遵守时间的观念。

概言之，父母要有意地去培养孩子遵守时间的好习惯，帮助他们有规律地生活，保持专注，提高做事情的效率，如果能够坚持下去，对于他们的成长会非常有用。

❷ 培养孩子认真观察的好习惯

很多父母在孩子长到十来岁，上了初中、高中的时候，会发现他们很难跟上学校的内容，具体表现是：不理解老师的讲课，不知道老师在讲什么，跟不上课程的进度。这实际上是由于随着课程的加深，孩子很难用简单的思维去理解老师讲的内容。之所以出现这种情况，与孩子小时候缺乏观察与思考能力的培养有关。

教育学家认为，培养一个人的观察能力很重要。观察能力是指通过对周围、生活中的现象的认真研究，总结出其中内在的规律性。这样，就可以发现生活和世界的秘密，掌握更多的知识。

几百年前，在英国一个名叫格林诺克的小镇上，家家户户都用木柴生火、烧水做饭。对这种司空见惯的事，谁都没有在意过。不过，有一个名叫瓦特的八岁小男孩就把它当成一回事了。有一天，瓦特在厨房里看祖母做饭。灶里面的木柴熊熊地燃烧，灶上放着一壶水，水开了，壶盖一跳一跳的，"啪啪啪"地作响。对于这种大家都习以为常的现象，瓦特却很好奇，他观察了好半天，搞不清是什么缘故，就问祖母："为什么壶盖会跳动呢？"

祖母慈爱地回答："傻孩子，水开了，就这样，一直都是这样的。"

但瓦特没有满足，又追问："为什么水开了壶盖就会跳动？好奇怪啊！"

祖母正忙着煮饭，没有时间回答他，只是笑了笑。

一连几天，每当做饭的时候，瓦特就蹲在火炉旁边细心地观察着。他发现，起初，壶盖很安稳，在水要开了的时候，就会发出"哗哗"的响声。然后，突然之间，壶里的壶盖就跳动了。这时，瓦特明白了，他高兴地对祖母说："我知道是怎么一回事儿了，水开了冒出气体，让壶盖跳动！"

就这样，通过认真的观察，瓦特意识到水蒸气推动了壶盖的跳动，并根据这个原理，改进了蒸汽机，有力地推动了工业革命。

让孩子学会观察很重要。通过耐心、仔细的观察，可以让孩子加深对一件事情的认识，帮助他们理解生活，对于提高他们的思维能力和想象能力非常重要。父母应该利用生活中的各种机会去培养孩子认真观察的好习惯。

一个周六，萌萌所在的学校组织学生到动物园参观，出发之前，老师留了一篇作文，叫作《动物园的一天》，告诉同学们仔细观察，回来以后写好交上去。听说能够看到大象、长颈鹿等各种动物，萌萌非常高兴，到了出发的时间，迫不及待地坐着校车就去了。下午回到家，他才想起来老师布置的作文。

他对我说："老师还留了一篇作文，叫《动物园的一天》。"

我提醒他："那你就坐下来写吧。"

他答应了。休息之后，他就坐在那里想作文。

　　不过，我发现他在那里坐了很久，也没写出几个字来，稿纸上面只是写了一个标题："动物园的一天"，以及一句话："今天我快乐地到动物园去"，就再没下文了。

　　我问他："怎么不往下写了呢？"

　　他不好意思地对我说："我想不起来动物都长什么样子了。"

　　原来，他只顾着去玩，忘了仔细观察动物们的样子。

　　看到他发愁的样子，我忍住笑："没关系的，明天再带你去一次，仔细地看看好不好？"

　　"好啊，谢谢你！"他高兴地回答。

　　第二天是周日，上午，我又带着他到动物园去，观察了大象、长颈鹿、猴子等动物。

　　回到家里，他又开始写作文，这次他写了："大象有四条很粗壮的腿，鼻子长长的，耳朵很大，像蒲扇；长颈鹿个子很高，脖子特别长，耳朵很好，身上长满了棕色的花纹；猴子都是成群地活动，在假山上跳来跳去，还会荡秋千……看到这么多可爱的动物，我这一天过得十分快乐。"

　　就这样，因为这篇作文观察仔细，描写生动，在班里得到了老师的表扬，还被老师要求当着同学的面朗读。

亲子
课堂

　　生活中有很多机会提高孩子的观察能力。

　　让孩子写一篇植物生长的日记

　　让孩子种下一颗植物的种子，然后每隔几天观察植物的成长情况，并写下日记。例如：

第一天：种下种子，盖上土，浇上水。

第五天：植物发芽了，很细小，芽是白色的。

第七天：植物长高了，顶部分出两片椭圆的叶片，叶片是绿的。

第十天：植物又长高了，原来的两片叶子长得更大，在它们上方的不同方向又长出两片很小的叶子。

……

一直到开花，都可以让孩子定期观察植物的生长变化，记录下来，这对于提高他们的观察能力很有好处。

让孩子观察家里培养的小动物

现在很多家庭都养了宠物，比如你领养了一只小狗，那么可以让孩子观察小狗的成长过程，并记下来。

一开始，小狗刚刚断奶，但还会到处找奶喝，父母会喂它一些牛奶。

小狗困的时候经常会趴在床下面睡觉。

小狗会经常找人玩，扑地上的球、鞋子等，当成玩具。

小狗的耳朵是耷拉着的。

小狗在长大，叫声更响亮了。

见到熟悉的人时，它会兴奋地摇尾巴，见到陌生人时，会警惕地"汪汪"叫。

随着小狗的成长，它不满足于每天被锁在家里。我们每天都要花半小时到小区里遛狗。

它的耳朵渐渐地竖起来了。

……

让孩子观察他们喜欢的人、玩具、车辆等

生活中孩子可能会对一些人产生好奇心，比如在上学途中遇到指挥交通的警察叔叔，可以让孩子观察：警察叔叔穿的是什么样的衣服？为什么要站在马路中间？他指挥交通的手势是什么样的？他的身体为什么要转来转去？……

又比如带着孩子去看演出，孩子对演员阿姨很感兴趣，可以让孩子观察：演员阿姨穿的是什么样的演出服？舞台上都布置了什么道具背景？有什么颜色的彩灯？阿姨都唱了什么歌，剧院里有多少观众？……

还可以让孩子观察他们的玩具，比如男孩子玩的电动车是什么颜色的？有几个轮子？是小轿车还是卡车？驾驶室里有几个座位？有车灯吗？有喇叭吗？都有哪些功能？又比如女孩子喜欢的布娃娃，可以让孩子观察：布娃娃的衣服是什么布料的？头发是什么颜色的？眼睛是什么颜色的？睫毛长吗？胳膊能动吗？会发出声音吗？……

也可以让孩子观察在上学途中看到的不同的汽车都是什么颜色的？是货车、小汽车、还是公交车？形状有什么不同？大小有什么不同？谁的速度快？声音有什么不同？……

到动物园、植物园、博物馆、天文馆参观时，注意观察

生活中父母可能会带孩子去动物园、植物园、博物馆参观，这时可以与他们一起仔细地观察。

大象长得是什么样子的？老虎的体型、颜色、皮毛与大象有什么不同？

松树和银杏有什么不同？郁金香的花瓣和菊花的花瓣有什么不同？

博物馆里陈列的文物都是什么？做什么用的？

天文馆里展示了哪些天文仪器？太阳系的八大行星，它们的大小和颜色有什么不同？

……

通过这样的培养，既让孩子增长了知识，又提高了他们的观察能力。

父母要记住一点，学会观察是一项很重要的能力，只有学会观察，孩子才能够认识生活中的各种事物，增长知识，学会思考，对于他们的成长十分重要。父母要从小培养孩子的这种习惯，为他们将来的成功打好基础。

❸ 培养孩子动手解决问题的好习惯

现在的孩子，大都生活在一个受到过度保护的环境中。在家里，父母、爷爷、奶奶、外公、外婆，一家人都在围着他们转，把长辈能够想到的事情都准备好了。在幼儿园、学校里，也是只注重书本教育、注重知识的记忆，这样，孩子动手的机会就很少。实际上，我国普遍存在着学生动手能力差的情况，这对于孩子将来的成长是很不利的。

一个人如果没有动手解决问题的能力，将来就很难成功。

我们都知道有一个成语故事叫"纸上谈兵"。战国时期，赵国有一员大将叫赵奢，他的儿子赵括从小就很聪明，识文断字，熟读兵书，可以说是倒背如流。大家都觉得赵括是一个人才。赵括长大之后，正好遇上秦国与赵国发生战争，大家都推荐他带领赵国的军队与秦军作战。就这样，赵括带领着军队与秦国的大将白起在长平对峙。赵括虽然熟读兵法，但都是一些空谈。他不考虑地形和双方的军力部署，盲目出击，被白起包围，军队断粮断水，赵括最后被乱箭射死，赵国的军队也因此大败。

这个故事说明了什么？如果一个人只会一些夸夸其谈的知识，他们是无法面对生活的挑战的。因此，父母应该培养孩子动手解决问题的能力。让他们把理论知识变成现实，这样将来才能够成为一个有用的人才。生活中有很多这样的机会。例如：

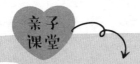

亲子课堂

让孩子养一棵植物，或者一只动物

很多家庭都有养花的习惯。你可以给孩子准备一只花盆，准备好泥土和花肥，然后与孩子一起种植。告诉孩子，先把花肥放在花盆的底部，上面盖上泥土，再把种子埋在深浅合适的位置。如果埋得太深，种子就无法发芽，如果太浅，种子发了芽，根也扎不深。

然后，浇上水，让孩子每天观察。保持泥土的湿度，不要太干或者太湿，以防止花干死或者根部烂掉。

让孩子适时地松土、除草，待花苗长高了以后，还要除去多余的枝叶。

经过几个月的培养，就可以开花。

经过这样的过程，孩子不仅提高了动手能力，而且还培养了耐心和坚持能力，还能够体验到收获的喜悦。

还有一些家庭养了猫、狗、鸟，这时，可以让孩子一起参与照顾这些宠物。让孩子每天给动物喂食，打扫宠物的粪便，给宠物梳理毛发等，这样既增添了生活的乐趣，又培养了孩子的动手能力。

给孩子买益智积木，做缝纫、手工

市场上有很多益智玩具，比如积木、拼图、组装玩具等，可以根据孩子的年龄情况适当地选择。

这些益智玩具大都不能直接拿来就用，需要孩子自己去把它们组装起来，做成一定的形状、具有一定的功能，这个过程对于孩子思维的成长和动手能力的提高很有好处。

例如益智积木。孩子想得到一个城堡、房屋或农场模型，就需要自己去设计，一步步地把它们搭成自己想要的样子。这个过程对孩子的思维能力和动手能力都是一种锻炼。

还可以给孩子选择一些合适的手工。例如可以给女孩子准备一套织布、缝纫的玩具。让她们知道一匹布是如何用一根根线编织出来的，如何用剪刀把布裁成想要的形状，如何用缝纫机把布缝在一起做成小衣服等，这可以锻炼她们的思维能力和动手能力。

让孩子认识一些简单的工具

很多家庭都有一些简单的工具，比如锤子、螺丝刀、卷尺等。父母在使用的时候，可以告诉孩子：

"锤子是用来砸东西的。"

"螺丝刀是用来拧螺丝的。"

"卷尺是用来量长度的。"

……

但一定要在父母的看护下进行，以免孩子自己操作发生危险。

还可以让孩子去了解生活中一些物品的功能。

比如你在开车的时候可以对孩子说：

"方向盘是用来控制方向的，没有它，汽车就拐不了弯。"

"车闸是用来减速的。"

"喇叭是用来提醒前面的车辆、行人注意的。"

……

这都可以提升孩子对生活的认识。

让孩子跟着修理家具

生活中，父母常常会做一些简单的修理。比如凳子的腿松动了，需要固定一下。你需要找一块木板，然后加固在凳子的腿上。孩子往往会好奇地在一边看。你可以对他们说：

"装上这块木板，凳子的腿就不会乱晃了。"

又比如，洗衣机的出水管漏了，需要更换一条新的。你在买来之后进行安装，可以对孩子说："水管的一头要插在这，再用胶带固定住，洗衣服的时候就不会漏水了。"

又比如，妈妈发现孩子的衣服破了，扔掉又可惜，于是打算自己修补一下。你需要找一块颜色相似的布料，剪成合适的形状，再用缝纫机缝好。这个过程可以展示给孩子看，让他们知道衣服是怎样补好的。

通过这样的方式，可以教育孩子学会动手。但一定要注意，这些活动要在父母的看护下才可以进行，不要让孩子拿到那些细小、尖锐的物品，以免发生危险。

让孩子自己摆放玩具、洗手帕、叠被子、整理书桌等

孩子大都有很多玩具。你可以要他们自己整理玩具：布娃娃可以放在枕头边上；玩具汽车要放在床下面，遥控器要放在抽屉里，以免使用的时候找不到；拼图、积木先整齐地码在盒子里，再放在柜子里；玩具模型使用过之后要放在书柜里，以免碰倒摔坏。这都有助于培养他们爱整洁的生活习惯，并提高动手能力。

概言之，动手能力对于一个人的成长非常重要，只有能够发现问题、动手解决，才能够把理论上的知识变成现实。父母要从小对孩子进行有意的培养，让他们知道怎样才可以把一件事情做好，将来才能够迎接生活的挑战。

❹ 培养孩子做事提前准备的好习惯

父母要明白一点：任何一个好的习惯都是一个思想与行为的序列，需要孩子在内心里保持坚定，在行为上保持一致，坚持不断地练习，才能够养成。为了养成那些好习惯，就需要让孩子学会提前做好准备。

为什么要让孩子做事情提前做准备呢？这有几个好处。

首先，做事提前准备，可以让孩子有一个目标。

教育学家认为，当我们心里有一个目标的时候，行动是最有效的。就好比我们在爬山的时候，看着一级一级望不到头的台阶，你会觉得很沮丧、没信心。但是如果你对自己说："我的目标就是前面山顶的那座凉亭。"然后鼓励自己，你会发现自己变得坚定许多，爬山也更有兴致，不那么枯燥了，能够坚持到底。做事提前准备，就是让孩子心中有目标，有了目标他们才有动力，才会进步。

其次，提前准备，可以让孩子一天中的生活都更有规律。

例如，我们在周六的早上跟孩子约定：这一天当中，上午要去超市买东西，中午回来要午睡，下午要先去美术辅导课学画画，再去小区的广场上踢足球、踢毽子，晚上要练习半个小时的小楷。这样的约定并不需要花很长时间，但效果却会很好。孩子知道自己一天中要做的事情，就会心中有数，做事有规律，容易投入进去，避免总是临阵磨枪、手忙脚乱。

再者，可以让孩子的行动更迅速。

做任何事情都不能一下子完成。比如你要炒菜，需要准备蔬菜、洗干净、切好，准备调料，把炒锅烧热……如果不提前准备好，你炒菜的时候就会仓促上阵，炒出的菜往往很难让人满意。孩子做事情也是如此，让他们在学习、锻炼、休息、做游戏的时候提前准备，可以水到渠成，又快又好。

但是很多父母没有意识到这一点。

曾经有一位母亲对我说:"我真为我的小女儿头疼!"怎么回事呢?原来,这位母亲有两个女儿。大女儿很乖巧,做事很认真,不用妈妈操心。但是小女儿却做不到,她有一个毛病,就是丢三落四的。

比如在晚饭前,她正在玩玩具,妈妈叫她:"快去洗手,准备吃饭了。"小女儿高兴地去洗手,却把布娃娃随手扔在一个角落,从没想到先把布娃娃放好了再去洗手吃饭。结果,吃过晚饭,想起来要继续玩布娃娃,但是怎么找也找不到,急得坐在地板上直哭。

晚上吃过饭,开始做作业了,突然喊:"妈妈,我的自动铅笔怎么找不到了?"妈妈闻声过来,帮着到处找,也没有找到,妈妈就说:"可以先用另外一支嘛。"

小女儿不答应:"我就喜欢那支带着天使图案的。"

没办法,只好帮着她在房间里继续找。终于在书包的夹层里找到了。总算可以坐下来写作业了,写了没到十分钟,小女儿突然喊:"我写好了,妈妈你看吧!"

妈妈过去检查,仔细一看,写的字不是缺了一横,就是少了偏旁,做的算数题不是加错了位置,就是少加了数字。妈妈看了直叹气。

在学校里也是如此。妈妈经常会接到老师的电话:"你的女儿好粗心,上英语课,要抄写几个英语单词,有好几个单词都漏掉了;上语文课,让她站起来读课文,能够漏掉一段。"

妈妈也不是没提醒孩子,但是一点用也没有,小女儿每次都是答应得好好的,但下次还是丢三落四的,这是怎么回事呢?

其实孩子之所以粗心、大意,是因为他们没有事先做好准备,结果做的时候手忙脚乱,容易遗漏。比如对于这位妈妈,可以在孩子玩布娃娃的时候提醒她:"用过之后要放回原处,下次才能找到。"在写作业之前对孩子说:"先把文具准备好了,再写作业。"在上学之前对她说:"写单词要一个一个按顺序写,不要漏掉。"这样就能够减少孩子的粗心。

生活中我们要时时提醒孩子：做事要提前准备，养成习惯，这样才能够快速、有效率地把一天的事情做好。

让孩子准备一天上学要用的物品

孩子每天上学之前，父母要提醒他们带好一天要用的物品。早上上学出发之前可以对他们说：

"你的铅笔、橡皮、尺子都放在文具盒里了吗？教材、练习本是不是都放在书包里了？"

"要用的水杯、纸巾放在口袋里了没有？"

"要吃的饼干带上了没有？"

要孩子去检查，渐渐的，孩子就能学会自己去检查，避免在上学的时候找不到它们而着急。

为晚上写作业做好准备

在吃过晚饭之后，孩子一般都会玩耍一段时间再完成作业，但你不要任由他们去玩，可以对他们说：

"在玩玩具之前，先把作业本放在桌子上，把笔准备好。""把字典放在桌子上，一会写作业的时候用得上。"避免孩子写作业的时候到处乱找。

"今天都留什么作业了？有几个生字要写，有几道题要算？"当孩子回答的时候，实际上他们也是在为晚上写作业做一个心理准备，可以更容易地从游戏中收回心来，投入到写作业当中。

为第二天的课程做准备

晚上写好当天的作业之后，你可以留出十分钟，与孩子一起看一下教材，了解第二天老师要讲的内容。如语文要讲哪篇课文，数学要讲哪种类型的算数题，等等。让他们心里有一个准备。

孩子上课听不进去，往往是因为他们不理解老师讲的内容，不知道老师在讲什么。你可以要孩子把语文课文先读一遍，把不认识的字画出来；把数学要做的算数题的技巧先熟悉一下；把要学的英语单词读几遍，这样孩子上课的时候更容易听进去，效果会更好。

为晚上上床睡觉和早上起床做好准备

如果你担心孩子晚上玩耍得太兴奋，不肯上床睡觉，可以在睡觉前半个小时的时候就开始准备，对孩子说：

"把玩具放下，妈妈给你讲一个故事吧。"

"把被子铺好，好吗？妈妈与你一起做。"

"一会玩具要放好，不要乱丢，明天再玩的时候才能够找到。"

通过这样的方式，让孩子提早准备，不再那么兴奋，更容易入睡。

为了早上能够顺利地起床，可以在孩子入睡的时候为他们定好闹钟，对他们说：

"妈妈为你定好闹钟了，明天早上六点钟一定要按时起床啊，不要偷懒。"

"把脱下的衣服放在床边，明天早上顺手就能够找到。"

"把牙膏、牙刷放在水池边，明天早上起床刷牙的时候能找到。"

有了这样的心理准备, 孩子就容易按时起床并很快地穿好衣服。

为孩子玩耍做准备

孩子喜欢玩各种游戏、玩具, 这是他们的天性。我们应该允许他们满足自己的爱好和兴趣, 玩得开心, 但又不要让他们沉迷。对此, 你可以提前准备。

比如孩子喜欢玩"赛道飞车"的掌上游戏, 你可与他们一起约定时间。

"妈妈把平板电脑放在沙发上了, 吃过晚饭之后, 可以玩半个小时。"

"记得先充电, 不要玩了一会就没电了。"

"这个游戏都有什么技巧? 怎样才能够在比赛中开得最快, 能和妈妈说说吗?"

孩子爱玩游戏, 往往是因为他们对游戏里面的技巧着迷, 让他们把自己的技巧说出来, 会让他们更深刻地理解游戏的规则。当他们理解了游戏的规则和技巧之后, 往往就没那么有兴趣了, 反而不容易沉迷。

为孩子锻炼做准备

孩子因为害怕吃苦, 可能会故意地拖延起床、逃避体育锻炼。你可以在前一天的晚上就对他们说:

"你最近的身体更强壮了, 明天还要坚持锻炼, 好吗?"

"晚上多吃一个鸡蛋, 明天跑步的时候更有劲。"

"妈妈把运动鞋放在你的床下, 明天起床就能找到, 就可以顺利地锻炼了!"

通过这样的准备, 孩子更容易克服懒惰的心理, 按时坚持锻炼。

让孩子参与准备一些家庭中的活动

在吃晚饭之前, 你可以对孩子说:

"宝宝, 帮着妈妈把筷子摆上, 好不好?"让孩子为家庭每一个成员分配筷子、汤勺、碗等餐具。

家里要来客人了, 你要打扫卫生, 可以对孩子说:

"帮着妈妈把地板上的灰尘打扫一下好不好?"

春节要到了, 你要到超市去购买春联、鞭炮等年货, 可以对孩子说:

"我们一起去购物吧, 为春节做准备。"

在这样的活动中, 可以培养孩子为将来做准备、未雨绸缪的观念。

概言之, 父母要有意地培养孩子为一天的事情做准备的习惯, 凡事提前准备, 到时就可以行动迅速、不慌乱, 这对于他们的成长非常重要。

5 培养孩子一步一步做事情的好习惯

父母要意识到, 做任何一件事情都要一步一步地完成, 是一个思想与行动的连续体——你需要在心里筹划每一个将要采取的步骤，然后把它们变成现实，如果其中有一步做不好，就没办法跳到下一步；如果想让孩子在将来取得成功，就要从小培养他们有耐心、按顺序把事情做好的好习惯。

萌萌上小学了，身体发育得很健康。但是他的身高并不高，在班里坐在比较靠前的位置。为了能够让他的身体更好地发育，我决定给他报一个乒乓球的辅导班。打乒乓球时需要活动四肢、蹦蹦跳跳，对增长身高很有好处，还可以锻炼眼睛，提高注意力，防止近视。

辅导班每周要去两次，分别是在周二和周六的下午。第一次带萌萌去打乒乓球时，走进体育馆的大门，里面并排摆着十来张球台，有很多小朋友在训练，他们站在球台的两侧挥舞着手里的球拍，"乒乒乓乓"在对打，嘴里还叫喊着，可以打很多个回合球都不掉下来，非常精彩。萌萌看得非常高兴，跃跃欲试，也想去打。我给他换好球鞋，拿出早已经准备好的球拍。

教练老师看到我们来了，走过来与我们打招呼。萌萌换好鞋，迫不及待地拿起球拍，站到球台前，想打球。

教练老师看到他心急的样子，就指着一旁正在练球的一个年纪稍大一些的小哥哥，对他说："你去陪这位新来的小朋友练一会。"

那个小哥哥应声来到萌萌的球台前，站在他的对面，对萌萌说："我要发球了啊，你接着。"然后举起球拍，球"嗖"发了过去。萌萌站在那里毫无准备，根本没注意到球发过来了。小哥哥很有耐心，又拿起一个球，"这次注意了，我要发球了啊。"这次萌萌有了准备，瞪大眼睛，看着小哥哥的动作，伸出球拍去接，可是，球很快，一下又错过去了。就这样，小哥哥一连发了十来个，萌萌勉强接到几个，却没有一个能够打回到对面的球台上，不是飞上天，就是弹到别的球台上，连一个回合都打不上。小哥哥不发球了，站在那里。萌萌看着别的台子上小朋友们在有来有往地对打，委屈得直想哭。

教练看到这种情况，笑了，他走过去对萌萌说："第一次打球，怎么就能打好呢？要想打好乒乓球，你就需要一步一步地来。"

他过去给萌萌作示范："首先要把双腿叉开，半蹲下身体。"萌萌也试着跟着做。

教练又说："然后双脚要一跳一跳地活动起来，这样你才能够做好准备随时接到球。"萌萌也跟着跳。

教练接着说："手臂要展开，不停地做挥拍的动作；双眼要盯着球来的方向；打球的时候手要尽量向前伸，才能够把球送出去；身体要不停地移动，这样你才能够在不同的位置接到球……"

教练一步一步地教萌萌怎么去做。最后，教练又说："你需要把这些步骤一步一步地去练习，练熟了，才能打好乒乓球。"

从那天开始，每个周二和周六的下午，我都带着萌萌去体育馆打球。这个过程很枯燥，一开始萌萌有些厌倦，不过，在我的鼓励之下，他坚持了下来。不仅如此，他在家里，只要一有时间就拿起球拍，按照教练说的去练，这样坚持了半年，他也能像别的小朋友一样精彩地对打了。而且，经过这样的练习，他的身体更加强壮，身高也明显地增加了。

教育学家认为，做任何事情都是一个思想与行为的序列。父母要有意地培养孩子一步一步做事情的习惯，将来他们再做别的事情就会做得又快又好。

帮助孩子搞清楚做一件事情包括哪些步骤

无论是写字、看书、做加减法的算数题，还是背英语单词、做家务，都需要一步一步地完成，父母可以帮助孩子搞清楚这些事情都包括哪些步骤。

例如写字，每个字都是由一些笔画构成的，这些笔画有一定的顺序，如果写错了、写乱了，字就写不好。父母要帮助孩子搞清楚这些笔画以及它们的顺序是什么。

又如看故事书，每本书都是有一些情节的，这些情节连在一起，才构成一个完整的故事。父母可以与孩子一起搞清楚故事中的主人公先做了什么，后做了什么，都发生了哪些事情，这样孩子就会搞懂这本故事书在说什么。

再如做加法的算数题，需要先从个位开始对齐两个数字，然后从低到高、依次相加，大于十的要进位。

或者如背英语单词，要把单词的每一个音节搞清楚了、念熟了，再连起来，就能记住一个完整的单词。

比如打扫地板，要从一个角落开始，连着扫下去，才不会有遗漏。

父母不要急着让孩子一下就把一件事做到很完美的程度，要让他们把这些事情的每个步骤搞清楚，再连起来，孩子就能够做好。

发现孩子有哪一步做得不好，并加以改进

孩子做不好一件事情大都是因为在某一步做得不好。如写字，有一个笔画写错了；做加法算数题，在某一个位置加错了；单词记不住，是因为某个音节没记住，等等。父母要发现孩子是在哪一个步骤做得不好

的，帮助改进。

鼓励孩子要有耐心去搞清楚每一个步骤

人们常说："先学会走，才能学会跑。"虽然一步一步地练习在一开始很费时间，但一旦掌握了之后，再做事情就会变得熟练、得心应手。所以，父母要鼓励孩子有耐心、按部就班地做事情。

一开始孩子是很难有这种耐心的，他们大都急于求成，想一下子就达到目标，但那样只会欲速则不达。这时要对孩子说：

"不要着急，一步一步来。"

"把这一步做好了，才能做好下一步。"

"这次你做得很好，很有耐心，坚持下去，下次会更好。"

……

用这样的方式，让孩子保持专注，认真地把事情按顺序做好。

总之，父母要记住，让孩子按顺序一步一步地把一件事情做好，不断地练习，培养他们的这种观念，养成习惯，他们就会掌握更多的知识和技能，将来走上成功的道路。

⑥ 培养孩子主动思考的好习惯

教育孩子，就要培养他们主动思考的习惯。

许多父母很早就为孩子做打算了。他们对我说："我把家里的闲钱都给孩子存下来，等他长大，不用为吃喝发愁了。"还有的对我说："我给孩子买了好多份保险，直到他退休都能够领到一笔保险金了。"父母对孩子将来的考虑十分周全，但是，这真的是对孩子最好的爱吗？

如果没有生活的技能，即使是一座金山也会被吃空。

文艺复兴时期的大科学家伽利略出生在一个教育世家，他的父亲是一名音乐家，家境富有。父亲曾经想让小伽利略子承父业，在音乐方面发展，这样就不会为将来的生活发愁。有一天，父亲带着小伽利略到市场上去买东西。集市上有很多商品，面包、皮靴、玻璃器皿等，他们走过一处卖眼镜的商铺，父亲给自己买了一块镜片，用来做自己的近视眼镜。小伽利略立刻被这块镜片吸引了。他央求着父亲给自己看看。父亲答应了他的要求，递给他，让他小心使用。小伽利略小心翼翼地透过镜片，惊奇地看到了更加清晰的图像。他突然好奇地问父亲：

"如果两块镜片叠在一起会怎样呢？"

父亲一时愣住了，他从来没想过这个问题。不过，他看到孩子如此热爱思考，就鼓励儿子说："将来你可以自己试一下。"

父亲还发现小伽利略对于各种自然现象特别感兴趣，就没有限制他的爱好，而是鼓励他积极地思考、探索。

伽利略长大以后，真的把两块镜片叠在了一起，结果，他十分清楚地看到了远处的物体。这就是最早的望远镜的由来。

伽利略从小养成的这种好奇、爱思考的习惯，最终使他成为一名大科学家。

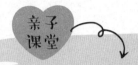

亲子
课堂

　　父母需要明白，最好的爱孩子的办法，不是最大限度地给他们以财富，而是给他们以生活的知识和解决问题的能力。父母应该有意地培养孩子独立思考的能力，当他们将来独自面对生活时，才能克服困难，走向成功。

　　试想我们作为成年人，在生活和工作中遇到了困难该怎么办？遇到一个技术问题无法解决，在人际关系方面遇到困难无法克服，有一种新的知识技能需要掌握……这些挑战大都是从前没有遇到过的，需要仔细地分析当前的情况，找到解决的办法。

　　孩子也是如此。孩子的思维是简单的，只能够进行初步的思考。但是他们的思维正在成长，将来会遇到更复杂的问题。从小培养他们遇事主动思考的习惯，无疑是一件非常有价值的事情。

　　萌萌非常喜欢拼图游戏。每年他过生日，我都要给他买一块新的拼图作为礼物。每到这时，他都会迫不及待地把礼物打开，看到漂亮的图板，他会非常开心。

　　把那些漂亮的图案打乱，再一块一块地拼接起来，需要的不仅仅是耐心，还有观察和思考。

　　萌萌六岁生日的时候，我给他买了一块新的拼图，这是一块"动物庄园"风格的拼图，拼图里有小鸡、小鸭、牛羊、各种花草、树木、房屋等，小动物们在鸟语花香的绿色农场里找食、追逐，看上去非常有趣。

　　回到家里，拿到这份礼物之后，萌萌就迫不及待地打开，把它们打乱，希望能像以前一样，很快地把它们拼好。看到他很投入的样子，我不想打扰他，就走开，去处理家务。

过了一会，我想起来他一个人在玩，就来到他面前，查看进展情况。结果发现他正坐在那里，气鼓鼓的样子，图板散乱地堆放在地上，丝毫没有拼在一起的意思。

我问："怎么了，为什么不拼了？"

萌萌说："这个拼图是坏的，我拼不到一起去。"

听到这里我忍不住笑了："怎么可能是坏的呢？刚打开的时候还是好好的，都是拼在一起的啊！"

萌萌说："可是，为什么我拼不到一起去呢？"

原来，这块拼图与以往的不同，图案更复杂，包括的图板也更多，要想把这样一大块图案完整地拼好，需要更多的耐心才可以。萌萌看到这么多的图板，一时感到太繁乱，拼不到一起去了。

看到他灰心的样子，我放下手中的家务，坐在他的身边："哪里拼不上呢？不如我们一起来吧。"

他说："图板太多了，我拼不上。"

我鼓励他说："不要着急，虽然图板多，但都是一块一块拼起来的，不是吗？"

我还提示他："这些图板不是按顺序排起来的吗？只要把相邻的两块找准了，一块一块地连下去，总会拼好的！"

听了我的话，萌萌觉得有些道理。在我的鼓励下，他尝试着重新去做。从一个角落开始，先把那里的图板找到，尝试着拼好，待这一小块图案拼准确了, 再找到与它相连接的其他部分, 一块一块地拼下去.

一开始并不顺利, 图板很多, 对上一块要花不少时间. 但在我的鼓励下, 萌萌还是坚持尝试着. 终于有一个小小的角落拼好了, 随后把这个角落扩大, 拼好的图板越来越多, 剩下没有拼上去的越来越少. 又过了一会, 萌萌突然高兴地大喊: "剩下的我会了!"

最终, 他成功地把整块图案都拼好了. 解决了这样一个问题, 让他很开心, 很有成就感.

我也很为他高兴, 因为这是他自己主动思考、独立解决的一个难题, 这对于他的成长无疑是非常有好处的.

生活中的大部分问题都是没有现成答案的. 如果遇到困难总是等着父母把解决办法告诉他们, 就好像一只小鸟总是等着被喂食, 自己不会找食吃一样, 孩子的思考能力就不会增长.

什么是主动思考呢? 教育学家认为, 主动思考就是让孩子在遇到困难时, 不等不靠, 自己去观察、动手、尝试, 发现解决问题的方案. 拥有这种能力对于孩子的成长十分重要. 如果从小就能够养成主动思考的习惯, 孩子的大脑会更加活跃, 神经细胞的联系会更加紧密, 反应更加迅速, 就可以拥有强大的生活能力.

孩子将来要面对的是学习和生活的挑战, 有数不清的难题需要他们去解决, 父母不可能永远代劳, 一直站在一旁帮助他们. 只有从小培养他们主动思考、解决问题的能力, 将来在面对生活的挑战时, 他们才能够解决.

当孩子遇到困难时，鼓励孩子去想办法

孩子还小，缺乏耐心，一遇到困难，会烦躁，会发脾气，还有的会逃避，这是自然的事情。许多父母一看到孩子遇到困难就急于出来帮助，对孩子说："让我来吧。"然后急于把答案告诉孩子。这是不对的。如果你在这个时候把答案告诉他们，他们会觉得这样的事情很简单，会依赖你，当下次再遇到困难的时候，他们就不愿意再去努力。

孩子遇到困难的时候，正是鼓励他们思考的好时机。比如孩子写作业遇到不会做的题，玩电动玩具的时候不会使用遥控器，你可以对孩子说：

"这个题再想想，老师不是讲过吗？"

"电动玩具的遥控器和电视是类似的啊，再试一下，看看每个键都怎么用？"

"不要着急啊，再想想，总会有办法的！"

......

不要急于告诉孩子答案，鼓励孩子积极地想办法，这对于他们的成长会非常有用。

与孩子一起想办法，发现孩子遇到的问题卡在哪一步

做任何事情都需要一步一步地完成。如果孩子没把事情做好，很大原因是因为在某一个步骤上被卡住了。当孩子遇到问题时，父母应该与他们一起去想办法，发现问题出在哪一步。

比如早上孩子穿衣，父母发现扣子扣错位置了，衣服穿得不整齐。

可以要孩子从上到下、一颗一颗地去检查。把扣子扣歪了，总有一颗是先扣错的，找到那个位置，从那里重新开始，就可以把衣服穿整齐。

比如孩子正在玩遥控电动汽车，但他们不会使用遥控器，两只手在遥控器上乱按，电动汽车在房间里乱撞。这时，你可以自己先去看这辆遥控汽车是怎么操作的：都有哪些按键，每个键都有什么功能，前、后、左拐、右拐、倒车、刹车的控制键分别是什么？……有了这样的了解，然后你可以对孩子说：

"每一个按键都是有特定的功能的，你没搞清楚，怎么能够把车开好呢？"

然后与孩子一起，一个键一个键地去熟悉。等到孩子把每一个按键都熟悉了之后，就可以熟练地操控汽车，不会到处乱撞了。

又比如你与孩子一起在小区里踢毽子、锻炼身体，别人踢得很熟练，能够很平稳地把毽子用脚尖挑起来、传给别人，孩子踢毽子的时候总是踢不好，踢得歪歪斜斜的，和别人配合不好。

这时，你可以观察孩子的动作，看看他们是用什么部位踢毽子的，一般要用脚的侧面和脚背靠前的平整的位置去踢，这样才不会把毽子踢歪了。当你发现孩子哪里做得不对的时候，可以对他们说："要把动作做对，才能够踢好！"然后给他们示范正确的动作，让他们练习，这样孩子就能够掌握踢毽子的诀窍了。

每一件事情都是由这样细小的步骤组成的。孩子做不好的时候，问题往往出在某一步上。父母要发现他们错在哪里。

一开始，你可能会感到很枯燥，但孩子的能力正是在这样的过程中提高的. 发现孩子的问题出在哪一步, 再针对性地解决, 才能够帮助他们改进, 提高他们的能力.

多给孩子自己动手的机会

生活中有很多可以让孩子动手解决问题的机会, 比如遇到不会的生字查字典, 整理自己的房间, 把房间布置成自己喜欢的样式, 等等, 都可以要孩子自己去尝试着解决. 这虽然都是小事, 但孩子正是在这样的过程中成长起来的. 日积月累, 能力就会提高.

孩子有了进步时, 要鼓励孩子

有了鼓励, 孩子就会更愿意努力. 生活中, 当你发现孩子成功地解决一个问题时, 要鼓励他们.

"你做得真好."

"你比以前进步了."

"妈妈为你高兴!"

孩子的信心就会增加. 下次再遇到困难时, 他们就会愿意积极地思考, 努力地尝试自己去解决问题.

要记住一点, 父母给予孩子最宝贵的财富是生活的知识和技能. 孩子有思考的天性, 他们愿意去探索世界的奥秘, 我们应该引导他们, 去鼓励他们学会思考, 主动地解决问题, 这样, 他们将来才能够面对生活的挑战.

⑦ 培养孩子独立自主的好习惯

对孩子的爱要有尺度。父母在教育孩子的时候，不能凡事包办，要有意地培养他们独自把事情做好的能力，并养成习惯。

试想，当孩子成年以后，走上工作岗位，面对有挑战性的生活，每天要处理复杂的工作：要按时上班，完成工作，和别人友好相处，遵守社会的秩序，要懂得法律，不断地学习新的知识、技能……所有这些，都需要他们拥有独立生活的能力，这正是父母从小要教给他们的。

如果从小没有独立生活的能力，凡事依赖别人，长大以后遇到困难就会逃避、软弱，不专注、不认真，做事情的效率低，势必难以成为一个有用的人才。

意大利教育家蒙台梭利指出："教育首先要引导孩子沿着独立的道路前进。"美国教育家罗伯特博士也提出："现代社会教育孩子的首要目标便是独立性。"

父母要注意在付出爱的同时，要培养孩子的独立性。让孩子做好力所能及的事情，坚持下去，养成习惯，能力就会提升。

有这样一个寓言。老鹰一家住在山顶的岩石上。在小鹰嗷嗷待哺的时候，鹰妈妈不辞辛苦觅食、喂食，哺育它。就这样，鹰妈妈辛辛苦苦地把孩子养大了，到了试飞的年龄，孩子必须要自己从山顶上飞下去，才能够开始新的生活。但是，它从来没有这样做过。面对高高的悬崖，它很胆怯。小鹰渴望地望着妈妈，希望妈妈能够像往常一样帮助它，可是，这件事情妈妈怎么能够代劳呢？鹰妈妈没有理它，只是淡然地站在一旁。看到小鹰犹豫的样子，鹰妈妈一抖翅膀，自己先飞了出去。小鹰看到妈妈作出的榜样，也鼓起勇气，抖动着翅膀，尝试着飞起来，虽然一开始有些胆怯，但终于飞了出去，这样，它学会了飞行。

　　父母培养孩子也是如此，他们就是成长中的小鹰。在孩子还小的时候，父母给予他们呵护，但是在他们将来要独自面对生活的挑战，父母必须培养他们的独立性。

　　曾经遇到一位母亲，她的女儿要上幼儿园了，她却很发愁。是怎么回事呢？

　　这位母亲是很爱孩子的。在孩子刚刚能够牙牙学语的时候，就给孩子买来各种识字课本、有声读物、益智玩具，陪着孩子学说话、读单词、学英语。孩子也很聪明，四五岁就能背十来首唐诗，能说出50多个英语单词。长辈们都很高兴。这位母亲对孩子的爱是毫无保留的。她怕孩子吃不好饭，到了五岁了还是要给孩子喂饭，喝汤的时候怕烫到孩子的嘴，每次都要自己先试试，用汤匙舀起汤来，要先吹吹，等汤凉了以后再让孩子喝；吃硬的食物，怕孩子咬不动，都要自己先嚼烂了，再喂到孩子的嘴里；孩子早上起床，她怕孩子穿不好衣服，要给孩子穿衣。每天孩子起床之后都是坐在那里等着她给自己穿衣服。爷爷奶奶也是如此地宠爱孩子。

　　孩子离不开家里的长辈。奶奶上个厕所，离开一会，孩子看不到她了，就会号啕大哭。孩子在玩玩具的时候，必须有人在一旁陪着，如果没有人了，就会一边摔打着布娃娃，一边四处张望，直到有人来的时候才停止。每天早上这位母亲上班的时候都是一场煎熬。孩子看到母亲要走了，就拽着她的衣服，不让她走。母亲只能假装说："妈妈只是出去买东西，一会就回来。"孩子就是这样离不开人。

　　等把孩子送到了幼儿园，第一天还好，因为母亲说："你先在这等着，妈妈一会就回来陪你。"这样孩子才让她离开。可是第二天，孩子知道了妈妈不会回来陪自己，就不依不饶，不让她离开，说什么都没有用。

　　好不容易哄着孩子说："你在幼儿园待一个星期，周末妈妈给你买漂亮的布娃娃。"这样孩子终于安静下来。可是，中午老师又来电话了：

　　"宝宝中午不好好吃饭，用勺子舀起饭，在桌子上撒得到处都是。"

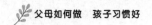

原来，没有了妈妈和长辈喂饭，孩子不会吃饭了。

这位母亲十分苦恼。她认为自己可是为孩子着想的，可是，为什么孩子会如此任性呢？

父母过于宠爱孩子，不管有什么事情都代劳，不让他们自己动手，久而久之，孩子就会形成依赖心理。一遇到困难就会着急、发脾气，甚至迁怒于人。这对他们的成长是很不利的。

孩子的独立性不是一蹴而就的，要在生活中逐步培养。

给孩子独立的房间

孩子到了三四岁时，如果条件允许的话，应该给他们独立的房间。有些父母总觉得："孩子跟我睡在一起，晚上有什么事情，我可以马上知道，帮着处理。"但是如果这样下去，孩子就会无法切断对父母的依恋感，遇到困难，第一时间想起的就是爸爸妈妈，等着他们来帮忙，这对于他们的成长很不利。有的父母直到孩子七八岁还让他们与自己生活在一个房间，结果孩子的心理发展严重迟滞，这是不对的。

有了独立的房间，孩子就会意识到自己"是这片空间的主人""我拥有这里的床、被子，这里的桌子，这里的花，当然的，我也要为它们负责"。他们就会渐渐地懂得自己要去清理房间、照顾它们。在独立的空间里，由于不再是时时地与父母长辈相处，他们也会自己想办法解决问题。比如自己去找玩具玩，自己看书等。这样就能够培养孩子的独立性，为日后的生活做准备。

如果父母担心孩子单独住在一个房间会有危险，可以提前做好准备。例如，给孩子准备一张较矮的床，在地上铺上地毯，以免孩子睡觉的时候打滚，从床上掉下来摔伤；在孩子的房间里不要放剪刀、螺丝刀等尖锐的物品，以及牙签、纽扣等细小的物品，以免孩子玩耍时候误伤自己，或者不小心吞下去。可以在孩子的房间里放一些识字画本、积木玩具等大的物品。

父母应该尽量为孩子提供一个合适又安全的空间，这样便于培养他们的独立意识。

让孩子参与做家务

培养孩子的独立性，可以让他们参与做一些家务，比如在准备晚饭的时候，要孩子洗一把青菜，由孩子摆放餐具；由孩子每天给家里的花浇水；打扫房间的时候让孩子帮忙等。让孩子参与做家务，会让他们意识到通过自己的努力才能够改善家庭的环境。

有些父母总是担心孩子做不好而不让他们参与，这是不对的。比如孩子看到妈妈在洗碗，兴致勃勃地跑进厨房，说：

"妈妈，我也要洗。"

有的妈妈会很粗暴地拒绝孩子：

"你洗不干净不说，还会把水溅得到处都是，不要捣乱了！"

这样拒绝是不对的。孩子有了这个兴趣，正是培养他们独立性的好时候。你如果担心他们洗不好，可以给他们准备一个大一些的水盆，里面少放水，这样水就不会溅出来。然后只让他们洗一两个碗。如果担心他们把碗打碎了，可以准备几个塑料碗、不锈钢碗让他们洗。洗的时候，告诉他们要先放几滴洗洁精，用洗碗布先擦里面，再洗外面，再用清水冲干净。

孩子虽然小，但可以做与他们年龄相称的事情。如果平时不注重培养，孩子的惰性就会越来越强，难以形成独立自主的好习惯。

要锻炼孩子，不要事事包办

父母不应该总是以"孩子还小，等他们长大以后再说吧"为理由，为孩子包办生活中的事情。应该帮助孩子逐步学会自己吃饭、穿衣、洗脸、刷牙等基本的生活技能。每一件小事都是积累，平时注重锻炼，孩子的能力才能够提高。到了上学年纪的孩子应该拥有了一定的自主生活的能力，比如主动按时起床、睡觉，收拾玩具，整理书桌，洗自己的手帕，看一些简单的故事书，等等。通过做这些力所能及的小事，帮助孩子逐渐树立独立意识。

让孩子自己选择

孩子最终要学会自己做出决定。父母应该有意地培养他们自己做决定的观念。生活中有很多事情可以让孩子自己选择。比如孩子过生日，你要送给他们一件礼物，他们可能希望得到一个布娃娃或者一辆电动汽车。如果你替他们买了，他们很可能会不满意。这时，你可以把他们带到玩具店，要他们自己看，一起挑选。

可以问:

"这些布娃娃里你喜欢哪一个样子的?"

"这几款电动汽车,你喜欢哪一种?"

在孩子回答之后,再接着问:"为什么喜欢它呢?是喜欢它的图案、颜色、样子,还是其他?"

孩子这时就会尝试着说出自己的理由。这个过程既培养了孩子的独立意识,帮着孩子学会思考、判断,又提升了孩子的表达能力,对他们的成长很有好处。

培养孩子的独立意识是一个渐进的过程,父母不能操之过急,不要因为孩子一时没做好就让孩子重新回到自己的羽翼之下。对于孩子力所能及的事情,就要鼓励他们去做,只要孩子付出了努力,即使结果不理想,父母也要给予认可和赞许,他们的独立性就会增长,将来才能成为一个有用的人才。

❽ 培养孩子专注、认真、做事不分心的好习惯

一个人只有保持专注、认真的生活态度,才能够获得成功。

教育心理学家认为,当一个人保持专注的时候,他大脑的活跃程度会提

高，注意力会高度集中，思维会更加活跃，大脑里储存的知识、技能可以充分地调动起来，这样就很容易克服困难，解决问题。

一百多年前，波兰有个叫玛丽亚的小姑娘，她从小特别好学，喜欢看书，看起书来就很入迷，不管周围怎么吵闹都分散不了她的注意力。有一次，玛丽亚找到了一本新的故事书，她就在客厅里看起来，不知不觉地就入迷了。这时，她姐姐带着一些同学到家里玩，就在她面前唱歌、跳舞、做游戏。玛丽亚就好像没看见她们一样，还在那里专心地看书。

姐姐和同学看到她专心的样子，想和她开个玩笑。她们悄悄地在玛丽亚身后放了一张凳子，又在上面竖放了一排铅笔，只要玛丽亚一动，碰到凳子，铅笔就会倒下来。时间一分一秒地过去了，二十分钟后，铅笔仍然竖在那儿。大家都惊讶地直拍手，听到大家的拍手声，玛丽亚才抬起头来。她回头一看，才意识到发生了什么。

玛丽亚长大以后，成了一名伟大的科学家。她就是居里夫人。居里夫人一生专注、认真，孜孜不倦地搞研究、做实验，取得了大量的成果，是为数不多的两次获得诺贝尔奖的人。

很多父母都为孩子发愁，他们面对孩子爱玩、做事情不认真、写作业分心、上课不听讲、考试成绩差等情况，不知道该怎么办才好。这都是由于缺乏培养注意力导致的。注意力的培养需要一个过程。孩子的成长规律是从天性的自由到接受约束、再变成内在的主动行为的过程。我们不能一开始就要求他们做到，但可以从小事中培养。

一位母亲对我说："我真为我的儿子发愁。"原来，她的儿子七岁了，刚上小学一年级。孩子聪明伶俐，会背唐诗，会好多英语对话，很讨人喜欢，但就是做事情不认真。

在学校里上课的时候，别的小朋友都在专心听老师讲课，只有他在东张西望。老师把课文朗读了一个开头，然后要同学一个一个地站起来接着朗读，别的同学都能够接下去，轮到他了，他站起来，却不知道别人读到哪了。

回到家里，他刚放下书包就想着去玩自己的玩具，把飞机、坦克、大炮等模型拿出来，摆满了一房间，把它们分成两组，相互"打架"，玩得兴致勃勃。妈妈让他去写作业，他很不情愿地去写了，但心思根本没在那，一会跑到窗口，看窗外的树长得怎么样了，对着妈妈喊："妈妈，快来看啊！槐树开花了。"一会又想起家里的猫要生小崽了，跑到猫房子旁边往里张望，问："妈妈，猫怎么还不下崽啊？"

孩子对什么都很好奇，唯独就是对看书、写字、写作业不用心。真让妈妈发愁。

孩子做事不认真、分心、走神，大都是由于平时缺乏必要的培养和练习引起的。父母可以有意地引导他们，培养他们专注、认真的习惯。

利用孩子感兴趣的事情去教育他们

很多孩子不喜欢看书、写字、算数，却喜欢玩积木、电动汽车、轮滑……父母可以利用他们做自己感兴趣的事情的机会来教育他们。

做任何一件事情都需要专注，否则什么事情都做不好。

例如孩子在玩积木，把各种形状、颜色不同的积木，搭成楼房、城堡、汽车、机器人等模型，需要的是耐心和毅力，把每一个部分都搭好，一步一步地进行下去，才能够得到最终想要的模型。如果孩子分心，有一步没做好，后面的也做不成，搭出来的模型不是不完整，就是不牢固。

又例如孩子在玩电动汽车，如果他们不会操纵遥控器的按键，就会把车开得到处乱撞。只有保持高度的注意力，熟练地掌握和操作每一个按键，才能够把车开得行进自如。

又比如孩子在玩轮滑，如果他们不集中精神，运用双腿的肌肉做好每一个动作，保持身体的协调，就滑不起来，控制不了方向，甚至还会摔跤。

你可以在他们玩这些游戏的时候引导他们：

"要集中精神，才能把积木搭好，不要搭错了位置。"

"不要分心，眼睛看着汽车的方向，手里控制着按键，才能够把电动车开好。"

"要专注，让身体协调起来，才能够保持平衡，不摔跤。"

在这样的过程中，孩子就会明白要专心才能够把事情做好的道理，在做其他事情的时候也会投入进去。

告诉孩子一件事情的来历，让他们产生兴趣

孩子做事不认真、分心，往往是他们不理解为什么要这么做，没兴趣。例如，有的孩子，一让他们写字，他们就喊头疼，不喜欢那些画来画去的笔画。这时，父母可以给他讲故事，告诉他们这些字的来历。孩子对听故事是有兴趣的。你可以对他们说：

"从前有一些人，他们想把一些事情刻在骨片上，告诉远处的人。可是他们不识字，怎么办呢？他们就想出了一个办法。比如他们看到太阳，就画了一个'日'的样子，看到弯弯的月亮，就画了一个'月'字，想请

别人来吃鱼，就画了一条'鱼'……"

孩子听故事听得入迷，懂得了为什么写字要画这些曲曲折折的笔画，就容易投入进去练习。

孩子对算数不感兴趣，你可以给他们讲一些有关数学的趣味故事。比如"在棋盘放米粒"的故事。从前有一个人和国王打赌，他赢了，国王问："你想要什么？"这个人指着一个棋盘说："我在棋盘上放米粒，第一个格子放1粒，第二个格子放2粒，第三个放4粒……这样直到所有的格子都用完，您只要把棋盘上能放的所有的米给我就行了。"结果是，国王米仓里所有的米拿出来都不够！

通过这样的故事，让孩子理解算数的乐趣，他们就会喜欢，投入进去。父母应该有意地给孩子讲那些趣味故事，帮助他们去理解那些枯燥的知识。

从简单的事情入手，再做难的

有的父母急于求成，想让孩子一下子就学会很多知识，这是不现实的，人的学习的规律是容易掌握简单的，打好基础再掌握难的。

例如，有的孩子讨厌做算数题，他们不喜欢那些单调的加减法口诀和一遍一遍的运算。尤其是看到那些长长的数字就感到头疼。这时你可以让他们先算简单的。先从一位数的加减法开始，等孩子做熟练了，再做两位数、三位数的……孩子把简单的练熟了，掌握了规律，就容易掌握复杂的。

又比如，父母让孩子背英语单词，孩子看到一长串的单词，会有畏难心理，这时，你可以先把这些长的单词分成简单的音节，把每个音节读熟了，再连起来，整个单词就记住了。

如果你一下子让孩子做复杂的，他们很难应付过来，就会产生厌烦的情绪。让他们从简单的入手，循序渐进，就容易产生兴趣，投入进去。

让孩子明白只有专注、认真，才能够得到回报

孩子还小，他们还不懂得只有全身心地投入才能把一件事情做好，得到回报。这时你要想办法去教育他们。

例如，你在阳台上种下黄瓜、白菜，发一盒豆芽，与孩子一起浇水、施肥，看着它们长大。然后收获。你可以把摘下的黄瓜切成片，白菜做成汤，豆芽做成凉菜，与孩子一起品尝。在品尝的时候对他们说：

"你看，这是我们一起种下的蔬菜，它们好吃吗？"

在这个过程，孩子会体会到收获的喜悦，这对他们是一个激励，下次他们会更愿意去努力。

要鼓励孩子保持认真的态度

当孩子认真地写完几行小楷、做对了几道简单的算数题时，你要鼓励他们：

"你做得真好！"

"妈妈真为你高兴！"

"你又进步了，又掌握更多的知识了！"

有了这样的鼓励，孩子就会更有兴趣，下次会更认真地去做。

> 总之，父母要记住，要在生活中培养孩子专注、认真的习惯。只有保持专注、认真，不分心，把事情从头到尾完整地坚持下去、做好，将来才能够走向成功。

⑨ 培养孩子坚持、有耐心、面对失败不灰心的好习惯

人的一生不可能一帆风顺，在孩子的成长过程中可能会遇到许多挫折，如果每当遇到一点失败就畏惧、灰心、沮丧，甚至逃避，将来就很难把事情做好。

教育学家认为，坚持、有耐心，不灰心丧气，是一种重要的品格。人们常说："胜利往往来自再坚持一下。"在前进的道路上即使摔倒了，也要保持信心、有勇气，发现失败在哪里并加以改进，才能够重新爬起来，走向成功。父母要有意地培养孩子的这种品格，让它成为一种习惯。

200多年前，在美国肯塔基州的一个乡村，一位年轻的妈妈牵着一个小男孩来到乡村的教堂做祷告。走到教堂里要爬上十几个台阶的阶梯。小男孩挣脱开妈妈的手，他想自己爬上去。他用力地迈开腿，蹒跚着想爬上台阶，但是台阶对他来说还是太高了。当他爬过几个台阶时，不小心摔倒了，他双手伏在台阶上，有些灰心。他回头看着妈妈，以为妈妈会来帮助。但妈妈没有伸手去扶他的意思，只是用期待与鼓励的眼神看着他。小男孩又抬头向上瞅了瞅，他放

弃了让妈妈帮助的想法，手脚并用，努力地向上爬。他爬得很吃力，手弄脏了，衣服上沾满了灰尘，但最终爬上去了。年轻的妈妈这才上前抱起儿子，在他的额头上亲了一口，鼓励他说："你做得很好，我的儿子！"这位母亲便是南希·汉克斯。这个小男孩就是林肯。

林肯长大以后，经历了很多次失败。他当过律师，但是因为缺少经验，被律师事务所解聘了；他开办过企业，结果运气不佳，企业破产了；他第一次竞选州议员，但没有多少人认识他，他又失败了……虽然经历了很多次失败，但他从没放弃，而是冷静下来，认真地反思，再重新出发。后来，他成功地开了一家律师事务所，成为一名有影响的律师，以此为起点，最终成为美国第16届总统，并且领导了解放黑奴的著名的美国南北战争。

没有谁是天生的成功者。那些在政治、经济、科学研究、艺术等领域取得成功的人，大都经历了许多挫折。但与一般人不同的是，在面对失败时，他们没有消沉，而是鼓起勇气，面对失败，总结经验教训，坚持努力，最终取得了成功。

所以，父母一定要培养孩子坚持、有耐心的好习惯，面对失败不退缩。

萌萌有的时候会缺乏耐心。做事情如果觉得麻烦，就会心烦意乱，坐在那赌气。为此，我一直在想着怎样才能够改变他。

萌萌很喜欢吃韭菜炒鸡蛋。一个周末，我又从超市买来了韭菜，准备做这个菜。中午，我在厨房里搅拌鸡蛋、洗锅和择韭菜。萌萌闻到了韭菜的香气，就放下手中的玩具，跑过来对我说：

"爸爸，我要帮着择韭菜！"

一开始我是不打算让他帮忙的，因为他每次择韭菜都择不干净，我还得再清理一遍，不过，看到他兴致高昂的样子，我没有阻止他，而是回答：

"好啊，那你一定要择得干净一些。"

然后我给他准备了一个盆，把韭菜放在地上，让他把择好的韭菜放在盆里。

萌萌搬过一个小板凳，坐在那里，开始清理韭菜。

不过，不出我所料，没过几分钟，萌萌就灰心了，他抬起头，看着我："这韭菜怎么这么难择啊！"

的确，要把韭菜一根一根挑出来，去掉上面的干叶和根上的皮，不是一件容易的事。

不过，怎么能够轻易地放弃呢？

我对他说："如果我们想吃到好吃的韭菜炒鸡蛋，就要做下去啊。如果不择干净，炒出来的韭菜就会不好吃。"

他想了想，觉得我说的有道理，就又继续做下去。

他抓起一把韭菜，从里面往外挑干叶，但韭菜都挤在一起，这怎么能够挑干净呢？

看到他灰心丧气的样子，我也坐在他身边，给他示范："你要把韭菜平铺在手掌上，然后再往外挑，就挑干净了。"

这样，果然快了许多。

我也坐在他身边，与他一起干。

就这样，在两个人一起努力下，很快就把韭菜择好了。

午饭的时候，终于吃到了好吃的韭菜炒鸡蛋。萌萌很开心，他做事情容易灰心的情况也有了很大改变。

父母应该有意地培养孩子的耐心和坚持能力，让他们面对失败不退缩。

给孩子讲那些成功者的故事

几乎所有的成功者都是在经历了大量的挫折和失败以后才走向成功的。父母可以多给孩子讲这样的故事。例如著名物理学家霍金在得了渐冻症之后，身体肌肉逐渐萎缩，失去了行动能力和说话能力，但他仍然坚持学习和研究，利用人工语音机器发声和别人说话，用唯一能动的手指打字写专著，在他患病之后仍然发表了许多论文，成为世界闻名的科学家。又比如海伦·凯勒在一岁半时突患急性脑出血病，连日的高烧使她昏迷不醒。当她苏醒过来，因为高烧的损害，眼睛瞎了、耳朵聋了。由于听力不好，不能矫正自己的发音，她说话也含糊不清。对于她来讲，世界是一片黑暗和寂静。但就在这样的情况下，她仍然坚持学盲文，学会了读书、写字、说话，没有强大的毅力，这简直是不可能的事，不仅如此，她还坚持写作，把自己的经历写成书，最后成了一名著名的作家。又如19世纪法国著名的科幻小说家儒勒·凡尔纳，他写的第一部作品《气球上的五星期》一连投了15家出版社，均不被赏识，有的出版社给他的回复是："文笔粗糙，缺乏想象力，不适合当作家。"但他没有灰心，而是努力地去改进自己的文字，让小说变得更流畅、情节更生动。终于，他第16次投稿时终于被一家出版社接受。最终他成为一名小说家，写了大量蜚声世界的作品……

通过讲这些故事，让孩子明白：成功不是一件轻而易举的事情，只有经历艰难险阻、克服困难，才能够有所收获。

与孩子一起找到失败的原因

失败并不可怕，可怕的是面对失败不去寻找原因，而是轻易地放弃。爱迪生经历了千百次的失败，才找到了在高温下不易烧断的碳纤维作为电灯丝，人类就此告别蜡烛，走向了电气时代。当孩子做事情失败的时候，要找到原因，帮助他们改进。

例如孩子在考试中考得不好，那么是什么原因导致没做好题的？对于语文来说，是把字写错了、词语的理解不对，还是作文跑题了？对于算数来说，是没有记住加减法口诀，还是马虎大意？……找到原因，加以改变，就可以进步。

任何失败总是有原因的，父母应该与孩子一起分析原因，然后找到改进的办法。这个过程虽然缓慢，但一旦养成习惯，孩子就会懂得反思、改进，将来就能进步。

多使用激励性的话语

在孩子做事情失败的时候，不要急于否定他们。有的父母一看到孩子在学校的作业评比中没有取得小红花，就批评他们：

"你真笨，这么一点小事都做不好。"

"看人家强强，考试全都是A，你呢，总是倒数！"

"连这么点小事都做不成，长大以后扫大街去吧！"

……

这样的批评无助于孩子的改进，还会打击他们的信心。正确的做法是鼓励孩子找到原因，加以改进：

"是哪里没做好呢？妈妈与你一起想办法好不好？"

"不要着急，会有办法的，我相信你一定会做好的！"

"只要我们想办法，下次就会有进步。"

……

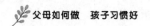

通过这样的鼓励，让孩子面对失败，寻找原因，加以改进。

总而言之，父母一定要注意，在孩子面对失败的时候，要鼓励他们保持信心坚持下去，客观面对，寻找失败之处，这对于他们将来的成长十分重要。

⑩ 培养孩子锻炼身体的好习惯

很多父母尝试着让孩子锻炼身体，但大都只是心血来潮，坚持几天之后很难再继续下去。怎样才能够让孩子坚持锻炼呢？

俗话说："贵在坚持。"偶尔锻炼一次很容易，但是能够每天坚持就很难。每天都要做枯燥的体育活动，不仅是体力的付出，也是对毅力的考验。但是如果能够坚持下去，收获却很大，不仅能得到健康、强壮的体魄，还能够磨炼意志力，培养孩子坚强的性格。

很多名人都有坚持锻炼身体的习惯。像我国的领袖毛泽东，特别喜欢游泳，青年时代就坚持游泳，提高身体素质，这个习惯保持了一生。他曾经十八次畅游横渡长江，直到七十三岁还游过长江两岸，整个过程游了三十多里，用了一个多小时。美国前总统里根也非常热爱体育锻炼，他非常喜欢橄榄球，曾是一名橄榄球运动员，还曾是橄榄球比赛的解说员，一生都热爱体育，他曾撰文表示："我一生从未间断过体育锻炼，对我而言，运动是生命中天生的一部分。运动不但增强了我的体质，而且带给我许多快乐。"

那么，怎样才能够让孩子坚持锻炼呢？

为孩子制订一个健身计划

为了让孩子能够每天坚持锻炼，就要给孩子制订一个健身计划。例如：

每天早上慢跑十分钟。

每天晚上做几个立定跳远，跳一段健美操。

每周末打一次乒乓球、游泳，踢一次足球等。

要为孩子明确地规定好锻炼的时间、项目、时间跨度，这样便于执行。孩子还小，不必让他们做强度很大的锻炼，只需进行适度的活动，达到锻炼的目的即可。

鼓励孩子坚持下去

开始锻炼之后，前几天的兴奋期过去，孩子就会失去兴趣，还会有各种身体反应，比如疲惫、肌肉酸痛等。这时他们就会产生逃避心理，表现为早上不愿意起床，到了锻炼的时间故意地推脱，锻炼的时候与你讨价还价等。这时要鼓励孩子坚持下去，可以对他们说：

"每天要坚持锻炼，这样身体才能健康。"

"爸爸陪你一起去跑步，好不好？"

"你做得很好，不要放弃！"

"我们昨天练得很好，今天还要继续！"

······

通过这样的方式，让孩子鼓起勇气，继续锻炼。

为孩子选择一项感兴趣的体育活动

孩子有爱动的天性，男孩子往往喜欢打乒乓、踢足球，女孩子喜欢跳健美操、踢毽子等。父母可以为他们选择一项他们喜欢的体育活动。打乒乓球可以锻炼反应能力，提高身体协调性；踢足球可以提高肌肉爆发力，培养团队合作意识；跳健美操可以培养韵律感，提高审美意识······

父母要注意，最好选择专业的体育教练来引导孩子进行这些锻炼，在专业教练的指导下，可以帮助孩子形成规范的动作，掌握运动的技巧，便于进步，孩子更容易产生兴趣，对以后的提高也很有好处。

父母要与孩子一起锻炼

孩子的年龄还小，父母要与他们一起锻炼。如：早上爸爸可以带着孩子到小区里跑十分钟，做几个单杠引体向上。晚上妈妈可以陪着孩子到广场上玩轮滑、踢毽子。周末，一家人可以一起去爬山、陪着孩子踢足球，等等。有了父母的陪伴，孩子的信心会更强，愿意坚持下去，同时也可以增进家庭的和睦。

帮助孩子制订饮食计划

父母应该为孩子锻炼制订合理的饮食计划，如早餐应该喝牛奶，或者吃一个鸡蛋，晚餐应该增加新鲜蔬菜的种类，增加蛋白质的摄入。给孩子在书包里放上几块饼干、巧克力，防止他们在学校里饿了。让孩子能够得到及时的营养补充，促进肌肉和骨骼的发育。

通过锻炼帮助孩子控制体重，防止近视

现在有很多孩子因为长期缺乏锻炼，又摄入太多的糖类、蛋白质，导致身体很早就开始肥胖，还有的孩子因为眼睛疲劳而过早近视，这对于他们的成长十分不利。父母可以通过锻炼的方式防止肥胖和近视。孩子每天坚持锻炼之后，能够把多余的脂肪消耗掉，同时也有利于提高孩子的意志力，控制住饮食，避免肥胖。同时，每天锻炼，也有助于眼部肌肉的恢复，减少疲劳，防止近视。

概言之，父母要有意地培养孩子锻炼身体的好习惯，帮助他们提高身体素质，磨炼意志力，为将来的成长做好准备。

⑪ 培养孩子爱表达、沟通的好习惯

人们常说："语言沟通是人与人之间交往的桥梁。"人们都是通过语言的交流来相互理解的，表达、沟通对于一个人的成功很重要。如果孩子从小就养成会表达、爱沟通的好习惯，就能更好地融入学校生活，理解老师的讲课，学习知识，长大以后，也更容易融入社会，与别人合作共赢。

实际上，那些在生活与事业上取得成功的人，大都具有强大的沟通表达能力。

周恩来是新中国第一任总理、外交部长。在新中国成立之初，他凭借着出众的口才、强大的演说能力，征服了许多外国友人，为新中国赢得一个友好的国际环境做出了突出贡献，被称为"充满智慧的东方演说家"。

不过，少年时代的周恩来并不是一个擅长表达与沟通的人。他早年在私塾上学，性格很腼腆。私塾的教书先生要他站起来背书，他常常是站在那里，背不出来。长大之后，他来到日本求学。那时的旧中国是一个腐朽落后的官僚社会，在日本，他接触到了许多志同道合的同学，相互之间进行激烈的讨论，寻找救国的道路。在同学们一起热烈讨论的时候，腼腆的周恩来却常常一个人坐在角落里，看着大家在发言，却不知道该说什么。这样的情况让他有些失落。他意识到，自己羞涩的性格是无法实现"为中华之崛起而读书"的理想的。

于是他决定改变自己。他每天强迫自己多看书，读名人的传记，每天花很多时间来朗诵，与同学在一起的时候，他主动地寻找话题，表达自己的观点……这样，经过一年多的努力，他有了很大的改变，由以前有些羞涩的少年，变成了一个自信、乐观、擅长沟通的人，尤其是形成了很强的演讲能力。

这种能力为他日后的成功打下了良好的基础。无论是在国民革命时期，还是在解放战争时期，以及新中国成立之初，他到处发表激动人心的演说，鼓励军民团结起来，协同努力，为新中国的诞生做出了卓越的贡献。

如果孩子缺乏沟通表达能力，他们就会少言寡语，孤独、沉默，不仅不爱说话、很难融入学校，思维能力的成长也会受到影响。所以，父母应该有意识地从小培养孩子爱表达、爱沟通的好习惯。

鼓励孩子把自己的想法说出来

孩子正处在成长发育期，他们的思维是不完善的，语言表达能力也很有限。父母往往觉得他们说话太幼稚而不愿意与他们说话。有的父母一听到孩子用简单的语言与他们交流，就不耐烦地说：

"好了好了，爸爸都知道了。"

"一边去玩，爸爸有事，不要烦我。"

"爸爸给你买了一个好玩的玩具，你自己去玩吧。"

……

这样做是不对的。孩子表达能力的培养需要一个过程。他们一开始只会简单的语句，表达有限的意思，需要经过不断的练习，表达能力才能提高。父母是孩子成长的第一位老师，如果父母不去与孩子说话，不鼓励孩子说话，那么长大以后，孩子往往会变得很孤独，表达能力很差。正确的做法是要鼓励孩子多说，把自己的想法说出来。

例如，你给孩子买了一个玩具，可以问他们："你喜欢这个玩具吗？喜欢在哪里？"

给孩子买了一本故事书，可以对他们说："这本故事书好看吗？看完以后给妈妈讲讲，好吗？"

带孩子去看了一场电影，可以问他们："这场电影说的是什么，能说说吗？"

你可能会觉得孩子说的话很傻，很幼稚，但这就是他们成长的一部分。每一个人都是这样成长起来的。你要耐心地倾听他们的表达，在他们用有限的语言表达之后，你要对他们说：

"你说得很好，妈妈听懂了！"

"再大方一些，声音更大一些。"

"你说得很清楚，妈妈知道你想说什么了！"

孩子天真无邪，说话难免不着边际。有时候你说东，他道西。但父母要鼓励孩子去说，倾听他们的说话，哪怕说的有多么的天马行空。经过一定的练习，他们就能够把自己的想法表达得越来越清楚。

与孩子一起讨论一些有意思的话题

父母应该有意地创造一些机会，与孩子一起讨论。例如，晚饭之前，孩子正在看动画片《熊出没》，你可以走过去，坐在他身边，问："今天演的是什么故事啊？"孩子就会把自己看到的故事情节说出来。这时，你应该仔细地倾听。孩子的话大都不完整、只言片语，他们只会说："熊兄弟又把光头强打败了，光头强好惨！"这时你可以继续追问："是吗？熊兄弟是怎么把光头强打败的？"孩子受到追问，就会认真地思考，把看到的情节表达出来。"熊兄弟挖了一个陷阱，光头强砍伐森林的时候，不小心掉到里面，爬不出来了。"通过这样的过程，孩子的表达能力就会提升。

生活中这样的机会很多。例如你带着孩子到动物园去玩，孩子看到各种动物，很开心，这时你就可以问："你看到的动物叫什么？"他们会回答："大象、老虎、老鹰……"你可以接着问："它们都长得什么样子呢？"孩子就会进一步描述："大象的鼻子好长，腿很粗壮；老虎长得像大猫，毛皮是金黄的，上面有花纹，很威风；老鹰的鼻子像钩子，两只爪子很有力……"

生活中应该抓住这样的机会，让孩子说出他们对一件事情的看法，他们就能学会把词汇组织起来、表达出来，这对于提高思维能力和表达能力都很有好处。

鼓励孩子在幼儿园、学校里主动沟通，多参与同学间的讨论

学校是一个集体的生活环境，在这个环境里，有的孩子会表现得热情、开朗，有的孩子会表现得孤僻、很不合群。那些主动表达的孩子，能够与同学建立融洽的关系，积极地与老师沟通，更容易融入学校生活。所以，父母应该鼓励孩子在幼儿园、学校里主动地表达沟通。

虽然你无法每天跟着孩子上学，但可以在家里有意地提醒孩子，如在吃晚饭的时候问：

"今天老师上课提问了吗？你举手发言了吗？"

"语文（数学）老师姓什么？你今天和他打招呼了吗？"

"你的同桌叫什么？妈妈给你多预备了一块橡皮，如果班里有小朋友没带，你就借他使用，好不好？"

"班上的小朋友你都认识了吗？课间和他们一起玩吗？都做什么活动了？能跟妈妈讲讲吗？"

"你喜欢画画，班上还有哪些小朋友也喜欢画画，把你画的给他们看看好不好？"

……

通过这样的询问，就能够提醒孩子注重在学校里与老师、同学沟通表达。

让孩子朗读故事书、名著、名人传记

父母可以给孩子预备一些故事书、名著、名人传记，如《安徒生童话》《格林童话》《爱丽丝漫游奇境》《哥伦布传》《拿破仑传》《牛顿传》等。父母可以与他们一起读，先把里面的生字认识了，再让他们大声地朗读出来。熟练地朗读这些名著，能够有效地提升他们的词汇储备，对于提升表达能力很有好处。

父母要记住一点：生活中要有意地培养孩子爱表达、主动沟通的习惯，这对于他们将来学习知识、融入社会非常有用。

⑫ 培养孩子与别人交往合作的好习惯

将来孩子要走上社会，就必须学会与别人交往。通过大方的交往，与别人建立亲密的关系，相互帮助，才能够走向成功。交往、合作是一个人必备的一种能力。如果一个人在生活中缺乏朋友，性格孤僻，没有人帮助，势必陷入孤独无助的境地。父母应该有意地培养孩子与别人交往合作的好习惯。

我们都知道一个故事叫"三个和尚没水吃"。在一座高山上有座庙，里面住着一个小和尚。庙里没有水，小和尚每天都要到山下去挑水。后来庙里来了一个瘦瘦的和尚，两个人商议了一下，决定每天一起去抬水，这样，他们每个人都省了不少力气。又过了一段时间，庙里又来了一个胖胖的和尚。这时，三个人开始相互推诿了，他们都在想："为什么让我去挑水呢？他们两个为什么不去？"在这样的心态驱使之下，谁都不肯去挑水。结果几天之后，庙里没水喝了。

看到这种情况，他们感到很羞愧，觉得是自己的推脱、逃避导致大家都没水喝，于是，他们商议后决定：彼此合作，每两人一组，每天轮流去抬水喝。这样，既省了力气，又保证了有水喝。

这个故事说明了什么？它说明：人与人之间要相互合作，才能够共赢。通过积极的交往，交流想法，拿出自己的优势，相互之间取长补短，达到"1+1＞2"的效果。

萌萌很喜欢唱歌。很小就学会了很多儿歌，比如《一闪一闪亮晶晶》《春天在哪里》等。他在家里经常会给来访的亲友唱上一曲。因为经常练习唱歌，他吐字清晰、声音嘹亮，被老师挑选参加了学校的童声合唱队。

合唱队里有很多小朋友一起唱歌。一首合唱分几个声部，小朋友们在舞台上从低到高站成三四排，每一排分别唱不同的声部，再整齐合声，这样才能够唱出好听的合唱。刚开始的时候，萌萌很不喜欢这样的合唱，他觉得自己唱的是最好的，为什么要和别人一起唱呢？他不愿意与别人合声，唱歌的时候，总是想让自己的声音最大，为此，搅乱了老师的排练。音乐老师就给我打电话：

"萌萌今天唱歌的时候不听指挥，自己的声音很大，还合不上队里的节奏。"

我知道萌萌不喜欢与别人合唱，可是没想到他在学校里表现得这么不合群，该怎么办呢？

周六的下午，又到排练的时间了，我陪着萌萌一起去学校练习。在音乐教

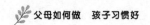
室里，萌萌穿着整齐的演出服，站在第二排的位置上，看上去很神气。老师指挥小朋友们合唱一曲《送别》：

长亭外，

古道边，

芳草碧连天。

……

声音悠然、曲折，十分动听。我仔细地听着，轮到萌萌那一排唱了，果然，他唱的声音很大，而且节奏也和别人不一样，唱得很快，影响了合唱的效果。

排练中间休息，萌萌跑到我的身边喝水。我拿出录好的刚才的练习，对萌萌说："唱得不错。可是老师说你虽然自己唱得好，但与别人合作得不够，总是合不上拍子，我给录了下来，你也听听试试？"

萌萌戴上耳机，仔细地听着，突然他哎呀一声："这真是我唱的啊！"果然，他自己也听到了。

就这样，他意识到了自己的问题，降低了声音，同时调整了节奏，能够和大家一起整齐地发声了。最后，他和同学们一起把这首合唱练熟了，还在市里的合唱比赛中得了奖。

让孩子知道只有交往、合作才能够共赢

孩子还小，他们看问题的角度大都是从自己出发的，不会考虑别人的想法。比如他们看到一个好玩的玩具，就一定要占为己有；喜欢一种零食，就不愿意分享给别人。这时，父母要告诉他们：只有与别人交往、合作，才能够彼此都受益。

比如让孩子与别的小朋友交换玩具。你的孩子有一种电动车玩具或者布娃娃，别的小朋友有另外一种汽车模型、另外一种样式的漂亮布娃娃，你可以让他们交换彼此的玩具，对他们说："相互交换着玩一玩，看看别的小朋友的玩具是什么样子的？"这样，既满足了孩子的好奇心，节约不必要的开销，同时还培养了他们合作共赢的意识。

比如让孩子与别人分享零食。孩子往往不喜欢与别人分享自己的零食，你可以在他们的书包里多备上一些糖果、巧克力，告诉他们在中午吃的时候，请别的小朋友品尝自己的零食，别的小朋友大都会回赠，这样，既尝到了更多的零食，又增进了友谊。

比如与别的小朋友分享故事书。每个孩子都有很多故事书、绘本，如果每个人都自己单独买一套，会很浪费。你可以让孩子与别的小朋友相互分享故事书，并且告诉他们："把这本书借给别的小朋友看一段时间好不好，也借他们的书给自己看。"通过这样的方式，就能够让孩子知道交往与合作可以彼此受益。

让孩子参与集体游戏

学校里往往会组织一些集体游戏，比如接力赛跑、跳长绳、拔河、合唱等。应该鼓励孩子积极参加这些活动。要想完成这些游戏，需要每一个人的分工与合作才能够进行。孩子就会知道每个人都要学会付出，相互理解，才能够成功。

鼓励孩子学会大方地表达自己

只有学会表达才能够结交朋友。有的孩子在家人面前能够自如地表达，一到了陌生人面前就会胆小、害羞，不敢启齿说话，不敢表现自己。这时家长要鼓励孩子敢于表达自己：

"不要害怕，大方地去说！"

"你说得很好，别人会明白的。"

"大胆地说，有妈妈在呢！"

让孩子敢于在陌生环境里自信地展示自己，虽然他们一开始可能表达得不是很流畅，但在你的鼓励之下，经过反复地练习，就可以做到表达自如。

告诉孩子要尊重伙伴

孩子可能会结交一些朋友，比如小区里的玩伴、学校里的同学。父母要善于观察，了解孩子的那些小伙伴，要尊重他们，帮助孩子与他们友好相处。比如每天晚上，到小区广场上做游戏的时候，鼓励孩子与玩伴们打招呼、玩耍，上学的时候提醒孩子与学校里的同学互相帮助、友好相处，都可以提高孩子的交往能力。

让孩子朗读故事

给孩子买一些故事书、绘本，让他们在看完以后把故事的情节讲出来，这样也能够提高他们的交往能力。例如《丁丁历险记》《鲁滨逊漂流记》《一千零一夜》，等等。孩子看的故事书多了，也会去模仿故事中的主人公，这对于提高他们的社会认知也很有好处。只有善于表达，才能赢得更多的掌声。

教育孩子讲文明、懂礼貌

有礼貌的人更受欢迎，比如见到熟人要热情打招呼，共用一件玩具时要相互谦让，吃饭时注意餐桌礼仪、不要到别人面前夹菜，与长辈说话时要用尊称，买东西的时候要排队，等等。让孩子彬彬有礼、懂礼貌，更容易被大家接受。

总之，父母要记住，要有意地培养孩子与别人交往、合作的好习惯，让孩子明白：只有相互地付出，共同努力，才能够做到共赢，这种习惯对于他们的成长至关重要。

第六章

培养好习惯的关键
在于坚持

❤ 为什么孩子很容易放弃？

经常有父母问："我的孩子很没耐心，是怎么回事？"

具体表现是做事情半途而废，不能坚持：搭积木搭到一半就没兴趣了，半截的城堡模型就放在那，不想理，不想碰；看故事书，看了几页就不想看了，嫌故事书太长，字太多；做算数题，做了几道就不想做了，觉得太枯燥……如果做事情都是这个样子，孩子将来势必很难成功，很让人发愁。

孩子为什么容易放弃？父母要去了解孩子的特点。

首先，孩子的身体没有发育成熟

做任何事情都需要体力和精力的付出，孩子有限的身体能力，决定了他们无法很长时间专注地做一件事。

其次，孩子的思维正在成长过程中，知识有限

孩子的思维是从一张"白纸"开始的，他们对于生活的了解只有很简单的知识，是零散的，没有形成系统的知识结构。在这种情况下，想让他们清楚地知道如何做好一件事情是不现实的，需要练习。

第三，孩子的大脑没有发育成熟，不能长时间地保持专注

孩子处于成长期，他们大脑的神经元细胞之间还没有形成稳定的连接，很难长时间地保持专注，容易出现注意力分散的情况。父母会发现孩子经常是一会对这个感兴趣，没多久又想去做另外一件事情了，很容易分心，这都是正常的表现。

最后，孩子的性格发育不够完善，缺乏耐心和坚持能力

一个人的性格也需要一个成熟的过程。孩子还缺乏坚强的性格，一遇到困难就产生畏惧心理，想逃避，这是很正常的。

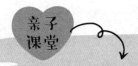

父母要意识到，孩子的这些表现都是在他们成长过程中自然出现的。也正因如此，才体现出教育和培养的意义。

通过完善的饮食，让他们茁壮地成长。

通过坚持锻炼，给他们以强壮的身体。

通过做游戏，让他们动手、尝试去理解这个世界。

通过观察能力的培养，提高他们的思维能力。

通过动手能力的培养，提高他们的技能。

通过语文、算数等学科的学习，丰富他们的知识。

通过不断地激励，让他们学会坚持，保持专注，遇到困难不灰心。

这样，孩子能够获得一个健康的身体与完善的思维，将来才能够走向成功。

❷ 让孩子明白成功来自坚持

任何成功都来自坚持。孩子的年龄有限，对生活的理解也是有限的，不太理解这个道理。这时，父母不仅要让他们明白这个道理，还可以有意地培养，来提高孩子的意志力。

加强体育锻炼

进行体育锻炼是很有效的提高孩子意志力的办法。人在体育锻炼中需要挑战自我，发挥身体的潜能，克服惰性思想。大思想家伏尔泰说过："生命在于运动。"文学家歌德也曾经说过："只有运动才可以除去各种各样的疑虑。"每天坚持跑步十五分钟，跳绳一分钟，用球拍颠乒乓球三十次，在足球场上奔跑、带球……要想做到这些，需要的是体力与精力的极大付出。在这样的过程中，孩子的身体素质会得到提高，意志力能够得到磨炼。

给孩子讲名人故事

没有谁可以轻易地成功。孩子由于经历有限，会以为一件事情可以轻易地实现，不理解父母的辛苦。这时父母可以给他们讲那些名人故事。比如达·芬奇画蛋的故事。达·芬奇是意大利文艺复兴时期的大画家，他学画的时候，一开始，老师只让他每天照着鸡蛋画。他画了几天之后，感到很不耐烦，不明白为什么要这样做。老师告诉他："正是把这些简单的画好了，你才能够画难的。"就这样，达·芬奇一直坚持画了半年多，才把鸡蛋画像了。果然，这为他以后的学习打好了基础。他再画其他的也更有耐心、更仔细，也更像了。这样的事例还有很多，爱迪生发明电灯；孔子看书，把穿书简的绳子都翻烂了；牛顿坚持做实验，因为太入迷，把怀表当成鸡蛋放到锅里煮了，自己还没发现，等等。

通过这些故事，让孩子明白成功不是一件轻而易举的事，要不断地付出，遇到困难不要灰心。

观察孩子的情绪，在他们面对失败的时候要鼓励他们

孩子由于性格不成熟，因此会很情绪化。具体表现就是喜怒无常，可能刚才还是开心快乐的，但转眼就会又哭又闹。孩子在遇到困难的时候，会表现得不耐烦，东张西望，找人求助，摔打玩具、文具、书本，甚至是哭闹。父母要注意观察他们的这些表现，适时地鼓励他们：

"不要着急，再坚持一下。"

"你会做好的，妈妈相信你。"

"妈妈与你一起做好不好？"

有了父母的陪伴和鼓励，孩子就能够重拾信心，继续坚持。

让孩子体会到成功之后的喜悦与回报

有很多机会可以让孩子明白坚持才能成功。比如孩子每天早上不能按时起床，你可以给孩子设定一个奖励：如果能够坚持一周按时起床，就送他们一把玩具冲锋枪、一个布娃娃、一套画笔等；比如孩子不愿意按时写作业，你可以设定一个奖励：如果能够一周按时完成作业，就带他们看一场电影，去一次动物园；又比如孩子不愿意每天跑步锻炼，你可以告诉他们，如果能够坚持跑步一周的话，就送他们一双好看的新运动鞋。

通过这样的方式让孩子知道，在自己付出努力之后，就能够得到别人的认可，可以得到回报。

成功来自坚持，面对困难时表现得软弱、懒惰、逃避，无助于将来的成长，父母要及时地鼓励孩子，帮助他们改变。

❸ 让孩子明白失败的原因，与孩子一起改进

人们常说："失败是成功之母。"失败并不可怕，可怕的是失败了却不知道反思，不去寻找失败的原因，下次还犯同样的错误。

很多父母不注重帮助孩子反思、总结失败的经验教训。例如，有的孩子在生活中粗心大意，用过的玩具到处乱丢，经常找不到文具，写作业马虎，总是写错字，做错题。父母不觉得这是一件很严重的事，总认为"这是小事，没什么"。但不及时总结，长此下去，养成坏习惯，孩子就会做什么事情都不认真，将来在学习、生活上也很难获得成功。

父母应该有意地帮助孩子反思失败的经验教训。

法国著名小说家小仲马，是文坛大师大仲马之子。他小的时候，父亲已经是一名大作家，写出了很多名著。小仲马看到父亲的成功，十分羡慕。他也立志要成为一名作家。于是，他十几岁开始写作，写了很多文章，到处投稿，但迎来的只是退稿信。很多编辑给他的回复是："你的稿件写得太粗糙，不适合出版。"有些编辑知道他是大仲马的儿子之后，还嘲讽他："你真是大仲马的儿子，一点都没有相似之处啊！"

小仲马很受打击，他失意地去找父亲求教。大仲马看过儿子写的作品，笑了，说："孩子，你的作品缺乏对生活的观察，不生动，不能打动别人，当然也就不被人接受啊。"父亲还亲自给他修改文稿，告诉他如何提高自己的表达能力。

经过父亲的指点，小仲马一下子明白了自己失败在哪里。他从此开始注重对人们的观察，去了解那些平凡的人的生活，去理解他们的喜怒哀乐，并且生动地描写出来，他的小说写得越来越吸引人。终于，他的作品被人接受了，出版公司竞相出版他的小说，人们都评价他的小说"深入生活，让人感动"，他最终也成为一名享誉世界的大文学家，写出了《茶花女》等名著。

父母与孩子一起认真地总结经验教训

孩子做事会经历很多挫折。例如搭积木的时候，总是搭不高，一垒高了就会倒塌。父母要与他们一起总结原因，是什么让模型倒下？这时你就会发现，往往是因为下面基础的位置没搭牢固，把模型搭高了以后，重心就会不稳，很容易倒塌。知道了原因，可以要孩子把上面的木块取下，在不稳定的位置重新做起，就会搭得牢固。

孩子粗心大意，写作业的时候写错字、算错题，考试考不了好成绩，父母都要与他们一起认真地总结是哪里没做好。是笔画写得不对，还是加减法的口诀没记住？找到失败之处加以改进，下次就可以避免这样的情况。

帮助孩子寻找解决问题的办法

孩子在面对失败时，往往不知所措，不知道怎么办，这时父母要帮助他们想办法。

例如孩子考试成绩很差，英语单词写不出来，汉字把笔画写错了，把偏旁写丢了。父母要仔细地去观察，发现他们失败在哪里，然后加以改进。例如英语单词为什么写不出来？是因为不会读，还是音节的顺序记错了？知道原因之后，加强发音练习，增加一些重复书写的练习，就可以记住单词。

孩子在失败的时候最需要的是你的支持

很多父母，一看到孩子做事情做不好，考试没考好，很着急，批评、挖苦孩子，这只会增加孩子的心理负担，让他们更加焦虑，不知道怎么办。这个时候是孩子最需要你支持的时候，要安慰他们：

"没关系，这次没做好，还有下一次。"

"妈妈与你一起想办法，好不好？"

"知道哪没做好，下一次就可以进步！"

……

通过这样的方式，让孩子重拾信心，去总结经验教训，才能够获得进步。

概言之，父母要记住，当孩子面对失败的时候，要帮助他们总结经验教训，发现失败在哪里，加以改进，养成习惯，孩子就会进步。

❹ 让孩子明白只有在小事中积累，才会实现大的目标

孩子由于年龄小，缺乏耐心，做事往往急于求成。这时父母要让他们明白，只有在小事中不断地积累，才能够实现大的目标。我国著名的文学家鲁迅曾经说过："巨大的建筑，总是一木一石叠起来的。"只有把小事做好，将来才能成功。

暑假到了，天气很热，每当有空闲的时间，我就带着萌萌到游泳馆游泳。

一方面可以消暑，另一方面，也可以锻炼身体，提高身体素质。

第一天到游泳馆的时候，萌萌非常开心，他是很喜欢玩水的，还跟我说："我长大了要当一名游泳运动员，要拿奥运冠军！"萌萌的理想很多，想当科学家，想当音乐家，想当宇航员，想当作家……对于这些天真的理想，我总是鼓励他。我微笑着对他说："好啊，爸爸支持你，不过，想当一名游泳运动员可不容易，需要好好练，你要加油。"萌萌大声回答："好的，我一定会努力的。"

游泳池的浅水区里有很多小朋友在玩水，很多人在练习蛙泳和自由泳，他们在水里流畅地舒展着动作，游得十分自如。

萌萌换好衣服，迫不及待地跳到水里，"噼里扑通"就是一阵游，手和脚使劲地打着水，溅起了很大的水花，一旁的小朋友们纷纷躲开他，防止被水花打到身上。

几下之后，萌萌就没了力气。他从水里抬起头，抖去脸上的水珠，大口地喘着气，对站在一旁的我说："好累啊！"

休息片刻，他又游了几下，这次，再没力气了。他划到池边，扶着水池的大理石护边，不想游了。他看着在游戏区里玩水滑梯的小朋友们，对我说："我也想去那玩。"

对于他这样的表现，我并没有批评他。我对他说："你不是想当奥运冠军吗？"

他不好意思地说："是啊。"

我说："如果想当世界冠军，就得把小事做好，一个个动作地学起。"

他说："可是，那好难啊，还很累。"

我说："那是因为你的动作不对。你看那边的小朋友，他们的动作多好看，游得多轻松！"我指着旁边几个小朋友。

他看着那些小朋友自如的动作，点点头。

就这样，在我的鼓励之下，他又开始练了起来。这次，他不再是乱游，而是一个动作一个动作地去学，蹬腿、分臂、抬头换气，再把头扎进水里……

就这样，经过两个星期的练习，他初步掌握了蛙泳。

在这个过程中，他也明白了凡事要从小事做起的道理。

孩子还小，常以为成功是轻而易举的事，一旦不能实现，又感到灰心丧气，失去信心。这时，父母要鼓励他们。

让孩子明白眼前的小事是在为将来作准备

很多父母，不注重从小事培养孩子，总觉得"一点小事，放松一下没什么，以后注意就行了"。其实，如果平时做小事就不认真，将来大事也很难做好。现在每一次认真地练字，每一次认真地朗读，都是在为将来与别人沟通作准备；每一次认真地算数，都是在为将来的科学研究作准备；每一次认真地锻炼，都是为了将来有一个健康的身体……要让孩子明白眼前这些小事不是无足轻重的。

让孩子明白，想实现自己的理想，就要从小事做起

孩子往往有很多理想，比如成为明星、歌唱家、科学家、运动员……但不知道将来要想在人生的道路上做出一番成绩，就得从眼前开始做起。莫扎特三岁就开始学钢琴；乔丹七八岁就开始玩街头篮球；迈克尔·杰克逊从小就开始练习唱歌和跳舞……正是因为从小就开始练习，坚持不懈，他们的技艺才会越来越成熟，长大以后才成就了一番事业。当孩子对你说"我长大要成为一名科学家、运动员、音乐家……"时，要鼓励他们。

"将来要想做大事，就得现在把小事做好。"

"现在认真地做每一件事，学到更多的知识，将来才有备无患。"

"每天都有进步，将来才能成功。"

......

通过这样的方式，鼓励孩子为将来作准备。

让孩子明白失败是在所难免的，但关键是不能放弃

孩子对生活缺乏经验，遇到失败往往不知所措，会为一点小挫折而大哭大闹。例如有的孩子一时找不到自己的铅笔，就会对妈妈大发脾气；有的孩子因为搭的积木模型不牢固、倒了，就坐在地上大哭。一旦他们的需求得不到满足，就不知道如何处理。这时，要让孩子明白挫折在所难免，但面对挫折不能放弃，要坚持，要去想办法。

概言之，父母要培养孩子把小事做好的习惯。没有谁能够轻易成功，要想在将来取得成功，就要从现在做起。

❺ 让孩子明白做事情的办法，才会消除畏难心理

孩子做事情缺乏坚持能力，有畏难心理，往往是因为不知道怎么去做。

有一次，我带着萌萌到公园看花展。正是十月，秋高气爽，公园里摆满了各色的菊花，有黄的、白色的、紫的，花瓣艳丽照人，香气四溢，十分好看。很多父母都带着小朋友在花丛间参观、拍照，不时地传出一阵欢声笑语。

这时，前面不知怎的围了一群人，越围越多，里面还隐隐地传来孩子的哭叫声。我和萌萌也好奇地挤了过去，透过人缝往里看，里面是一家三口，爸爸妈妈带着一个六岁左右的儿子。儿子正坐在地上大哭，双手直抹眼泪，边哭还边叫着："我要喝汽水，我要喝汽水。"旁边的地上摆着一瓶汽水。

妈妈蹲下，要给孩子打开汽水，被一旁的爸爸制止了："不要管他，什么都要依赖别人，这次一定要让他自己去做。"

原来，孩子看花展，累了，想喝汽水，爸爸给他买了汽水，让他自己拧开，可是，孩子或许是力气太小，或许是瓶子盖在手里打滑，拧了几次都没打开，他就要妈妈帮着打开。爸爸不允许，一定要他自己去做。孩子又试了几次，还是打不开，就坐在地上大哭。

一家人就这样僵持着，引来一群旁观的人。

父母总是希望孩子一下就能学会很多事情。但是实际上，孩子的能力有限，往往不知道怎么去做。父母又急着去责备孩子，双方就会产生很大的冲突。

实际上，这时父母要冷静，要告诉孩子怎么去做一件事情，而不是一味地催促他们，急于求成，那样只会欲速则不达。

例如前面那位父亲，他希望孩子自己拧开汽水的瓶盖，却没考虑到孩子有没有力气去打开这个瓶盖，是不是他自身的教育方式有些问题呢？

其实，当他发现孩子打不开汽水的瓶盖时，可以教孩子怎么去做。例如先把手心上的汗擦干净，这样就不会打滑，然后左手握紧瓶子的中间，右手握紧瓶盖，把瓶盖逆时针旋转，就可以打开。一味地对孩子吼叫，不但解决不了问题，还会让孩子很困惑。

父母不要一味地给孩子提出很多目标，要他们去实现，而是要告诉他们怎么去做。

父母给孩子做示范，告诉他们怎样去做一件事

当发现孩子不会做的时候，父母要给他们做示范。比如孩子帮着你择青菜，他们抓了一把青菜，太粗心，把嫩的菜叶也择去了。这时，你可以亲自给他们示范，告诉他们：要先取出一棵青菜，看哪些叶子是老的、黄的，把这些黄叶子去掉，再把菜根去掉，菜就择好了。有了你的示范，孩子就不会着急。

父母与孩子一起查资料，去解决问题

当孩子遇到一件事情，你和孩子都不会处理的时候，要和孩子一起想办法。可以查资料去解决问题。有一次，萌萌养的一盆月季花得了黄叶病，月季花下面的叶子都变黄、脱落。萌萌很着急，要我想办法，但我也不知道该怎么处理，我就对他说："要不我们一起上网查资料、想办法吧。"我带着萌萌一起到网上搜索，结果发现，出现这种病是因为浇水过多，缺少光照引起的。原来，萌萌想让花早点开，每天浇了太多的水，花盆又放在背阴的位置。知道了原因，他减少了每天的浇水量，又把花挪到太阳能够照射到的地方，过了几天，终于把这盆花救活了。

当我们和孩子都无法解决问题的时候，可以一起去想办法，这样，既能够解决问题，又可以帮助孩子培养爱学习、爱动手的好习惯。

让孩子学会观察思考，寻找解决问题的办法

当孩子有一件事情做不好时，应该鼓励他们去观察、思考，发现解决问题的办法。例如有一位妈妈对我说，她的孩子好奇心很强，对什么都想搞清楚个究竟。有一次，妈妈给他买了一个皮球，孩子还有一个彩色的塑料瓶子，瓶子里装了很多糖果。孩子就想把皮球也放到瓶子里，但是皮球刚好比瓶子口大一些，放不进去。孩子不甘心，一定要把球放到瓶子里，结果做不到，就急得直哭。

其实，在这个时候，这位妈妈可以要孩子仔细观察，为什么皮球放不进瓶子里去？通过仔细观察，孩子就可以发现，原来是因为球比瓶口大，当然也就放不进去。这样，既锻炼了孩子的观察思考能力，又增长了知识，对于孩子的成长很有好处。

概言之，当孩子做不好一件事情时，父母要帮助他们去了解做这件事情的办法，这样就会消除孩子的畏难心理，坚持努力，直到成功。

❻ 培养孩子坚强的性格

教育心理学认为，性格是一个人稳定的心理反应与行为习惯。性格往往在一个人的幼年期就开始形成，并且一直到成年都保持着稳定。

如果一个人在幼年时期就表现得积极、进取、坚强，那么他到成年以后也能够保持这种心理品质，遇到困难不退缩，很容易取得成功。相反，如果从小就软弱，遇到困难就想着逃避，那么长大以后也很难取得什么成就。

国外的教育学家曾经在一所中学里选择出来一些学生，对他们进行研究。这些学生里有一部分有着开朗、乐观的性格，在学习中遇到不会的问题，能够主动地思考，与老师沟通，生活中遇到自己做不到的事，能够自己想办法，不放弃，直到解决问题才罢休。另外一部分性格害羞，遇到困难就想找父母、找老师帮助，如果没人帮助，就放手不去努力，还喜欢发脾气，迁怒于别人。教育学家们跟踪这些学生的成长，结果发现，那些性格开朗的学生，在成长的过程中始终保持着这种品质，遇到困难积极努力，不后退，不埋怨，他们长大以后，很多成了企业经理、工程师、医生、教授、运动员、律师……成为社会中的成功者，从事着让人尊重的职业；而那些性格害羞的学生，在成长的过程中也大都延续着这种性格，在长大以后几乎没有什么成就。

这个研究说明了什么？它说明：良好的性格能够让人一生受益。

很多人都因坚强的性格而受益一生。

帕格尼尼是十八世纪意大利著名的小提琴演奏家、作曲家。他的小提琴演奏技艺熟练，表现细腻，富有感染力，被称为"小提琴魔术师"。

不过帕格尼尼的童年并不幸福。他从小身体不好，得过肺炎和严重的麻疹，导致身体瘦弱乏力。有一次，父母偶然带他到罗马的大戏院里听音乐，他听到了小提琴美妙的乐声，立即就被吸引了，演出结束后，他还围着演出的乐手不肯离开。父亲看到他如此热爱音乐，就把他送到一名音乐老师那里去学琴。

帕格尼尼刚开始学小提琴的时候，由于身体瘦小乏力，几乎握不住琴颈，也不能长时间地站着练琴，但他并没有放弃，而是每天坚持练习。为了提高身体素质，他每天到广场上跑步；为了增强手指的力量以控制琴弦，他还找了一块石头，每天用五根手指反复进行抓取练习。他每天坚持练琴十二个小时。

正是这种磨炼造就了他坚强的性格。在以后的成长过程中，他一直坚持着长时间的练习，努力提高演奏技巧。他的名气越来越大，人们到处请他去表演。不过，在他四十六岁时，不幸得了一场大病，那时的医疗条件很差，他康复以后，声带坏了，成了哑巴，只能靠儿子按他的口型作翻译来与别人沟通。即使如此，他仍然没有放弃演奏，每天坚持训练，最终成为蜚声世界的音乐家。他的演奏技艺高超，情绪激奋，跌宕起伏，让人如痴如醉，被人们誉为"小提琴之王"。

幼年时期是孩子性格的形成期。孩子在这个阶段形成的性格往往会影响他们的一生。父母要在这个阶段让孩子养成乐观、坚强的性格，这样才有利于他们的成长。

要培养孩子乐观、豁达的性格

遇到一点困难就灰心丧气，失去信心，甚至是大哭大闹，这样的性格是不利于孩子将来的生活的。父母可以让孩子多关注一件事情的积极面。当孩子遇到困难、产生动摇，向你投来求助的目光时，可以对他们说：

"以前不是做得很好吗？只要去想办法，这次也会做好。"

"不要担心，我们一定会把这个问题解决的。"

"有妈妈在，不要害怕，我相信你一定会做好。"

……

可以给孩子讲那些名人的故事。比如二战时期的美国总统罗斯福，他年轻时有一次带着全家在一座小岛上休假，在扑灭了一场大火后，他跳进了海里游泳，却因此患上了脊髓灰质炎，从此双腿失去了行动能力。但罗斯福并没有放弃理想和信念，一直坚持不懈地锻炼双臂和上半身，使自己保持着旺盛的精力，最终成功地竞选成为美国总统，并且带领盟军赢得了世界反法西斯战争的胜利。

通过这些鼓励，就可以让孩子保持乐观的态度，不轻言放弃，继续努力。

要培养孩子坚持到底的性格

当孩子面对困难产生疑虑时，要鼓励他们坚持，并且养成习惯，成为他们的性格。比如当孩子玩拼图，怎么拼也不成功，可以鼓励他们继续尝试，直到把每一个图板拼好，把完整的图案拼出来。又比如孩子在跑步锻炼的时候想偷懒，不想跑了，可以鼓励他们。"再跑20米，好不好？"在每一件小事上鼓励孩子坚持下去，不随意地后退，渐渐地就会变成他们的习惯和性格，当再遇到困难的时候，他们就会主动地恢复信心，去想办法解决问题。

要培养积极努力的性格

生活中要培养孩子积极努力的性格。例如，每一天都准时起床、锻炼；每一次用过玩具之后，都放回原处；每一次看故事书遇到不认识的字，都想办法弄懂；每遇到一道不会做的算数题，都想办法做出来……养成习惯之后，在生活中就会变得主动，不依靠别人，自己去创造生活，这对于他们将来的成长会很有好处。

要培养孩子热情、友善的性格

父母要培养孩子热情、大方的性格，待人友善，在生活中与别人相互帮助。这样，当他们长大以后遇到困难的时候，就可以与别人合作解决。例如，父母可以鼓励孩子与别的小朋友分享玩具，自己有好吃的零食的时候，也请别的小朋友品尝。这样，孩子就懂得人与人之间要友好相处，考虑别人的难处，对别人要施以援助之手，这样当自己遇到困难的时候，也会得到别人的支持，让他们不再觉得孤独，能够坚持下去。

总而言之，父母要注意培养孩子坚强的性格，百折不挠的精神，遇到困难不退缩，这样他们就能够不断地克服困难，走向成功。

第 七 章

沟通最重要
——在沟通中与孩子建立信任

❶ 及时沟通，才能与孩子建立默契

有些父母平时很少与孩子沟通，他们的理由是：工作太忙，没有时间；孩子上学了，自己该松一口气了；孩子由爷爷奶奶等长辈照顾，不需要自己费心。

但如果在平时不注意与孩子沟通，当你想与孩子建立信任的时候，就会发现很困难。

一位母亲对我说："我家宝宝五岁了，我可算松了一口气。此前我每天都只能上半天班，没到下班时间就早早跑回来照顾孩子，有外公外婆带孩子我也不放心。我亲自照看孩子的起居、饮食，给她买各种布娃娃、玩具，陪她玩耍。现在孩子上了幼儿园中班，我工作又忙，关照她的时间就少了，每天由外公外婆接送幼儿园，晚上陪她玩耍、看书和写字。我晚上回到家里都是七点多，吃过饭休息一会就到八点，这个时候孩子已经要睡觉了。我只能够陪她说会话，就让她入睡。"

"但是我发现一个问题。有一天，幼儿园的老师给我打电话，说孩子上课不专心。老师在课堂上教背唐诗，别的小朋友跟着老师一句一句地朗诵，她在那东张西望，不肯跟着读；活动课上，老师让同学们堆沙盘，别的小朋友用沙子堆成平地、山川、湖泊等形状，她却拿着铲子，把沙子铲出来，撒在地上。"

"晚上回家，吃过晚饭，我问宝宝是怎么回事，她却跟我说：'我不要你管，你不爱我！'这让我很难过。"

为什么会发生这种情况？其实就是因为这位母亲平时与孩子的沟通少了，导致与孩子缺乏信任。孩子上了幼儿园中班，老师的要求多了，她不太适应，在幼儿园里感到孤立无助，又不信任母亲，导致母女之间产生了隔阂。

如果我们平时与孩子缺少沟通，渐渐地就会与他们疏远，这时，当你想管教孩子的时候，他们会对你很陌生，不愿意听从你的要求。所以，我们在平时就要加强与孩子的互动，建立信任关系，这样才能够去教育他们，帮助他们成长。

不要以孩子上学了为由，而减少对他们的关注

很多父母看到孩子到上学的年龄，感到总算可以松一口气了，不知不觉间减少了对孩子的关注。以为他们在幼儿园、在学校里能够很好地听老师的话，快乐地玩耍、认真地上课。实际上，孩子刚到学校，不太容易适应学校生活，这时，你突然放手对他们的支持，他们就会感到很无助。老师因为要照顾很多孩子，很难对每一个孩子都那么用心，所以，在这个时候，父母还是要继续关注孩子。虽然不需要像以前那样整天陪着孩子，但可以在晚上回家后多跟他们聊天，聊学校里的生活、遇到的困难，如一天中玩了哪些游戏，学了哪些生字，认识了哪些小朋友……对于他们的困难要及时给予帮助，让他们迅速融入学校生活，这样，孩子的能力得到了增长，对你的依赖性下降，同时，亲子感情也增加了。

不要以孩子太幼稚为由，而不愿意听他们说话

有些父母觉得孩子说话太幼稚而不愿意与他们多沟通。一听到孩子对自己说学校里的事，就不耐烦地说：

"爸爸都知道了。"

"自己去玩，不要烦我。"

"好好写作业就行了，你就是一个好孩子。"

孩子的语言虽然幼稚，但也是在表达自己的想法，他们想把一天的见闻对你说出来，这时你要仔细地倾听，让他们知道你在理解和关注他们，这样有助于亲子感情的增长，你还可以对孩子提出建议。

比如孩子说："今天我在学校里，跑步的时候摔倒了，好痛。"

你可以关注孩子的伤情，然后鼓励他说："要坚持锻炼，不要因为一次摔倒就害怕。"

多陪孩子写作业、玩耍

孩子虽然上学了，但他们还是很依赖你。父母这个时候要利用晚上、周末的时间多陪孩子。如晚上可以抽出半个小时与孩子一起写作业，读一下当天的课文，做几道算数题，这既是对孩子的鼓励，又能够帮助他们解决现实的问题，有助于他们树立对学习的信心。可以在周末带孩子去游泳、打乒乓球，去动物园、博物馆参观，既可以增长知识，又可以增进亲子关系。

概言之，父母要记住，不要等到孩子出现一堆问题的时候才想起来要管教他们，那时，你会发现很难与他们沟通。要在平时就注重去了解他们，建立融洽的亲子关系，这样，你再想去教育他们就会轻松许多，有利于帮助他们养成各种好习惯。

② 利用生活中的琐碎时间了解孩子

有些父母抱怨：我每天工作太忙了，早上起来忙着准备早点，吃过早饭，匆忙之间把孩子送到幼儿园、学校，晚上把孩子接回家里，又要准备晚饭，吃过饭，还要加班做工作，哪有时间陪孩子呢？

孩子到了上幼儿园、上学的年龄，他们已经有了初步的独立性，白天有幼儿园和学校的老师照看，在晚上也能够自行玩耍、写作业，你并不需要时时地陪着他们，但仍要抽出一定的时间陪孩子。

如果你太忙，可以利用生活中的琐碎时间去了解孩子。

父母与孩子相处的时间主要是早晨、晚上、周末以及节假日，你要充分地利用这些时间。

利用早饭时间去和孩子沟通

一般家庭的早饭时间都很短，可能只有十几、二十分钟。你在督促孩子认真吃好早餐的同时，要问他们："今天都上哪些课？老师要讲什么，能跟妈妈说说吗？"当孩子讲述的时候，就会把一天的课程在大脑里预演一遍，对于完成一天的学习很有好处。还可以对孩子说："今天要好好听课，上课不要乱讲话哦，那样你就不知道老师在讲什么。"

"吃过早饭，把书包准备好，检查一下文具、水壶，不要忘在家里。"虽然只是寥寥数语,却可以提醒孩子下一步要做的事情,也让孩子明白你是关心他们的。

午休之前可以与孩子通个电话

现在孩子大都有儿童手表,在中午午休之前,你可以与孩子通个电话,问他们:"上午在学校里过得怎么样,老师讲的课都听懂了吗?""中午吃了什么?好吃吗?吃饱了吗?""中午要好好休息,下午上课才有精神。"虽然可能只要几分钟,却可以让孩子知道即使你不在身边,也是牵挂他们的,对于他们集中精力上课、增进亲子感情很有好处。

充分利用晚餐的时间与孩子沟通

一般家庭的晚餐时间都很长,可能会用上一个小时。这段时间是一家人其乐融融、享受天伦之乐的最好时间。你可以为孩子准备一个他们喜欢的菜。吃饭的时候对他们说:"这是妈妈特意为你准备的,你要多吃点哦!"让孩子知道你在时时地牵挂他们。

在晚餐时,孩子往往会边吃饭,边迫不及待地把一天的经历说出来,这时你要督促他们吃饭要慢,同时又要允许他们把话说出来。你要注意倾听,孩子可能会说到一天中发生的事,比如上课学到了新的知识,得到了老师的表扬,体育做了哪些游戏,等等。这是他们对自己的一天的总结。听他们讲出来,要适当地鼓励:"你做得不错,妈妈很高兴。"对于他们说到的困难,比如上课时有些字没学会,有些英语单词不会朗读等,要找时间帮助他们补上。

利用晚饭前后的时间陪孩子做游戏和写作业

虽然你可能很忙，但也要定期抽出时间陪孩子一起玩，比如晚饭前与孩子一起玩一次拼图，晚饭后，带着孩子到广场上踢毽子，对于增进亲子感情很有好处。因为孩子的年龄还小，还没有形成自主学习的习惯，所以晚饭后要抽出一定的时间陪他们写作业，把一天中学到的知识弄懂，不留债到第二天。等到孩子养成自主学习的习惯时，再让他们独立去做。

保持与老师的联系

父母不要认为把孩子送到幼儿园、学校就大功告成，你要保持与老师的密切联系，了解孩子在学校里的情况。

老师大都会把电话、微信留给父母，有的还会建立微信群。父母要定期地与老师沟通。你可以问老师："孩子在学校里表现怎么样？有不守纪律的情况发生吗？上课认真听讲吗？是不是积极发言？做游戏是不是认真？中午吃饭有没有浪费的情况……"通过这样的提问，就可以了解孩子一段时间以来在学校的情况。回到家里，可以就这些问题去教育孩子。平时注重这些细节，就能够提早把问题化解，避免问题越攒越多。

利用节假日与孩子沟通

到了周末、节假日，一家人都有时间。要充分利用这样的时间，多陪家人和孩子。有些父母总是在找理由："我太忙了，周末还要加班，还要出差，哪有时间陪家人、孩子？"这是不对的。你努力工作又是为了什么呢？难道不是为了家人的幸福生活？所以，应该尽量抽出时间，在节假日多陪孩子。如带他们去游泳、跳健美操、踢足球，锻炼身体；带他们去电影院看一场精彩的电影，放松心情；去植物园、动物园、博物馆，认识各种植物、动物和了解文化历史，增长知识、开拓视野。这些对于他们的成长非常有好处。

父母要记住：要学会利用生活中的琐碎时间去和孩子沟通，帮助他们解决生活中的问题。平时多了解、关注孩子，家庭矛盾就可以提前化解，孩子的性格会更健康，便于他们养成各种好习惯，早日掌握独立生活的能力。

❸ 再忙也要陪孩子——抽出时间来与孩子一起玩耍

有些父母认为，孩子到了上学的年纪，就应该专心学习，不要总想着玩。这时，父母会减少给孩子买玩具的数量，并且一看到他们去玩，就责备："不要总想着玩，好好学习去！"其实这是不对的。

教育学家认为，做游戏对于孩子的成长很重要。孩子就是从游戏中开始认识这个世界的。孩子在玩玩具的过程中，去认识玩具的形状，触摸玩具的质料，了解它们的功能，对于培养他们的感觉、空间知觉能力很有好处；孩子在与父母做游戏的过程中，进行了人生最开始的互动，获得亲情与关怀，对于他们性格的发育至关重要；与小伙伴做游戏，学会相互协作、相互帮助，对于培养他们的人际交往能力很重要。所以，父母要重视孩子做游戏，要抽出时间与孩子一起玩游戏。具体地说：

给孩子买适合他们年龄的玩具

对于不到三岁的孩子来说，由于他们的认知、动手能力很有限，父母可以买简单的玩具。比如动物玩偶、布娃娃、不倒翁，简单的积木、拼图，初始的识字画本、英文字母的图板，等等。主要是开发他们的感知觉能力、空间想象能力和初步的识字能力。

对于三至五周岁的孩子，他们的认知能力和动手能力都有了进一步的增长，父母可以买复杂一些的玩具，比如数目更多的积木和拼图、图文对照的汉字识字画本、英文的基本单词画本、橡皮泥、画笔、儿童电子琴等。还可以给男孩子买一些会动的汽车模型、冲锋枪模型，给女孩子买一些如织布机、八音盒、迷你厨房等玩具。这些玩具可以开发孩子的触觉、视觉、听觉，培养基本的识字能力，提高动手能力。

对于学龄前后的孩子，很多父母会减少玩具的购买量。其实这是不对的。在这时孩子的认知能力和动手能力都进一步增长，应该给他们买复杂一些的玩具。比如更复杂的积木、拼图，简单的故事书，绘画用品，跳棋、象棋等棋类游戏，口琴等简单的音乐用品，儿童纸工。可以给男孩子买遥控电动汽车、儿童工具箱，给女孩子买布艺工具、儿童医生工具箱等，还可以给孩子买一些望远镜、电动机模型、微型人体骨骼模型等实验器材，对于培养孩子对世界的认识、开拓思维、培养动手能力都很有好处。

但要注意，要选择那些合适、规范、安全的玩具，不要让孩子误服、误用而发生危险。

父母要与孩子一起搞清楚玩具的功能

每一种玩具都有用途。父母不要把玩具买回来以后，交给孩子就再也不管了，而是要帮助孩子认识和了解玩具的功能。

例如，在孩子三岁的时候，你给孩子买了一只玩具熊，让孩子把它抱在怀里，触摸它的绒毛。你对孩子说："它是不是很柔软呢？它叫熊，它有圆圆的肚子，粗壮的四肢，大大的眼睛……"在这样的过程中，孩子的感知觉能力就会增长，知识也会增加。

又例如，在孩子六岁的时候，你给孩子买了一架遥控直升机模型。孩子的动手能力还不足以一个人驾驭这样一个模型，你可以与他们一起玩。例如告诉孩子如何给模型装上电池。告诉孩子直升机的螺旋桨在哪里，让孩子仔细观察它的形状，去理解为什么直升机靠螺旋桨就能够飞起来。与孩子一起研究遥控器的使用，哪个按键负责上升，哪个按键负责盘旋，哪个按键负责拐弯……通过这样的学习，孩子不仅能学到如何驾驭玩具模型，也会增长耐心，提高分析能力。

适时地送孩子一样玩具，增进亲子感情

父母应该在一些特殊的日子，送孩子一些玩具作为礼物。例如在孩子生日的时候，在孩子开学的时候，以及孩子在学习、锻炼上取得进步的时候送他们一件礼物，这既是一种鼓励，又可加强亲子关系。

要鼓励孩子与别的小朋友一起做游戏

父母应该鼓励孩子把自己的玩具拿出来与别的小朋友分享，这既能让孩子得到更多的玩具去玩，节省资金，又能够让孩子明白合作才能够收获更多。还应该鼓励孩子多参与集体游戏，比如跳长绳、捉迷藏、接力赛跑等，孩子在这个过程中会懂得集体合作的意义，学会相互帮助，这对于他们将来正确地与别人相处会非常有好处。

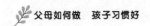
父母要注意：不要因为孩子长大了，就不再给他们买玩具、不再陪他们玩游戏。游戏是孩子认识和了解世界的开始，要充分利用各种机会，与孩子一起做游戏，这既能够提高孩子的思维能力和动手能力，又能够增进亲子感情。

4 要适当地抽出时间陪孩子写作业

很多父母总是在发现孩子听不懂老师讲课、学习跟不上、考试成绩差时才想起来教育他们，这是不对的。学习是一个积累的过程，当你发现孩子出现这些情况时，往往是因为他们没有养成良好的学习习惯，基础没打好，问题已经存在了很长时间。

孩子刚到上学的年龄，他们的自制力还不够，想让他们独立地完成学习任务是很难的。尤其是晚上回到家里，没有了学校的环境和老师的监督，很容易放松。父母要在这个时候抽出时间去陪他们写作业，到养成习惯之后，再由他们自己去做。

搞清楚孩子一天都有哪些作业

孩子在刚入学阶段的作业基本上都是汉字的读写，朗读与背诵课文，加减法的算术题，在这时绝大多数的父母都是有能力辅导孩子的。

父母要与老师建立联系，积极参与老师建立的微信群，看到老师都留了什么作业。吃好晚饭，你可以坐在孩子的身边，督促他们完成。

父母在辅导孩子写作业的时候要专心

有些父母，一边陪孩子写作业一边看电视或者玩手机。这样只会对孩子产生负面的影响。孩子会认为：爸爸妈妈只是在敷衍我。他们也会不认真写作业。父母要认真地坐在孩子身边，看他们认真地去写。老师留的作业大都在半个小时到一个小时之间可以完成。如果你确实感到坐在那里很无聊，可以拿一本书来看，让孩子看到你也在学习。但不要玩手机游戏、听音乐，那会对孩子有不好的影响。

解答孩子在写作业过程中的疑问

孩子写作业时常常会遇到不会写的字、不理解的词、不会算的题。这时父母要与他们一起完成。对于不会写的字，要搞清楚有哪些笔画以及笔画顺序；对于不理解的词，要通过上网查询、查字典的方式，搞清楚含义；对于不会算的题，要搞清楚口诀，对准数位进行运算。如果父母也不会，可以在微信群里给老师留言，或者打电话问老师，也可以让孩子抄在本子上，第二天上课的时候去问老师。每解决好一个疑问，就等于扫除了学习过程中的一个障碍。

不要拔苗助长

有些父母，急于对孩子早教，给孩子准备了很多的课外题，甚至准备了很多超出孩子年龄的高年级的题。其实这并不必要。原因之一，孩子的思维还没有发育成熟，他们还无法掌握那些复杂的知识，你要做的是让他们把现在的基础打好，以后自然就会学会。原因之二，学校的课程设计是循序渐进的，只要跟上老师的课程，把老师上课讲的弄懂了，把课后作业做好，就足以应付考试。搞那些课外题，一方面会增加孩子的负担，另一方面，许多奇怪的题目并不符合孩子的学习规律。

要记住一点，在学龄前后这个阶段，父母一定要抽出时间陪孩子写作业。在他们这个年龄，你有能力陪他们写作业。一旦帮助他们养成认真写作业的习惯，当以后面对复杂的学习任务时，即使你不能辅导，他们也可以通过自学、向老师提问、上网查资料等方式来解决。把每天的作业写好，当天的课程都弄懂了，打好基础，对于他们将来的学习和成长至关重要。

❺ 多与老师沟通，了解孩子在学校的生活学习情况

有些父母认为，把孩子送到了幼儿园、学校，每天由老师照看就行了，自己不用太操心。这是不对的。

教育是家庭、学校与社会共同合作的过程。即使把孩子送到学校里，父母仍然应该继续关注孩子在学校里的生活。

实际上，孩子在学校里可能会遇到很多挑战。从家庭到学校，面对的是一个陌生的环境，要认识很多小朋友、老师，既要遵守纪律，又要释放自我。学校里的课程对于孩子来说是很有挑战性的。当不能成功地融入学校生活时，他们可能会产生挫败感；跟不上老师的讲课时，他们会感到紧张、无助。这都需要父母的帮助。

所以，父母应该与学校老师保持沟通，关注孩子在学校的生活。

有的父母会产生这样的疑虑：我总去给老师打电话、发微信，他们会不会觉得麻烦？实际上不会，绝大多数老师都欢迎你和他们沟通。老师在学校里要面对很多孩子，没办法去了解每一个孩子的性格特点、兴趣爱好、学习基础。如果你能够定期与老师保持沟通，他们会更有针对性地去教育孩子。而且，双方共同协力，协调孩子在家庭与学校的生活，更有利于教育。所以，父母不要有这样的疑虑。

具体地说，你可以这样做。

告诉老师你的孩子的性格特点

老师在面对一个新同学的时候，往往要花很长时间才能够对他们的性格有一个了解。你可以告诉老师自己孩子的性格特点是什么，比如有的孩子害羞、胆小，不敢和别人相处。如果父母把这种情况告诉老师，老师就会有意地鼓励他们多与别的小朋友相处，上课多发言，多参加集体活动，让他们变得更大方；有的孩子性格开朗、热情，但是做事很粗心，丢三落四，老师就可以有意地提醒他们写字要认真、仔细；有的孩子性格活泼好动，好奇心强，但上课可能会坐不住，不能集中注意力听讲。你把这种情况告诉老师，老师就可以在课堂上有意地提醒他们："不要走神，要认真听课。"了解孩子的性格特点，老师就可以有针对性地教育引导孩子。

告诉老师你的孩子的学习基础和兴趣特长

有的孩子喜欢语文、擅长朗诵课文，但不擅长算数，父母可以告诉老师，老师就可以多让他们读课文，同时在数学课上多提问他们，让他们学会算数的方法。有的孩子算数好，但是不擅长沟通，不敢发言，老师就可以在语文课上多让他们大方地朗读课文，鼓励他们大方地表达。有的孩子会唱歌、跳舞，父母可以告诉老师，老师就可以在学校的联欢会、歌咏比赛中，要孩子参加表演，增加他们的锻炼机会；有的孩子擅长跑步、踢足球，把这些告诉老师，老师就可以在学校的体育比赛、运动会上多给孩子上场的机会……把孩子的学习基础、兴趣特长告诉老师，会便于老师因材施教。

与老师保持电话联系，多参与班级微信群的发言

父母可以每周与班主任老师通一到两次电话，了解孩子在一周中的表现：作业是不是都写对了，上课是否注意听讲，与小朋友是否能友好相处，是不是积极参与集体活动。班主任老师一般都会组织家长微信群，在群里把作业的布置、学校的活动发布出来。父母要多参与讨论，了解老师布置了哪些作业，孩子不会、自己也无法解决的问题应该及时向老师反映，对作业数量的多少可以对老师提出意见，不要太多，导致孩子无法承受，也不要太少，否则达不到练习的效果。这些都有助于双方协同教育，促进孩子的成长。

父母要多参加学校活动

学校往往会组织一些家长会、运动会、文艺汇演之类的活动。父母要多参加这样的活动，既可以了解孩子在学校的表现，又可以多与老师沟通，同时，你的出现，对孩子在学校的生活是一个莫大的鼓励，会让他们增加信心。

总之，父母要多与老师沟通，双方协同努力，发挥家庭与学校的力量，这样对孩子的教育才能成功。

❤6 要注意观察孩子的情绪，发现他们的难处

孩子的年龄有限，在他们遇到困难的时候，很难用清晰的语言表达出来。这时父母要注意观察他们的情绪，了解他们遇到的问题。

有的时候孩子可能表现得很急躁

例如孩子在玩拼图，拿起一块图板，试遍了其他的所有图板，都不能恰好地与它相匹配，孩子就会急躁，表现出发脾气、生气、摔打图板，甚至坐在那里大哭。这时父母要坐在他们身边，观察他们正在做的事情，是哪里没做好，然后找到正确的图板，给他们示范如何拼好。这样，孩子就会安静下来。你再进一步告诉他们："不要着急，慢慢地想办法，去尝试，就可以做好。"

有的时候孩子可能会表现得很沮丧

例如孩子在学校里参加运动会，他们本来以为自己跑得很快，在你面前炫耀："妈妈，这次我一定要跑第一名！"结果，学校里面跑得快的小朋友很多，他们只跑了一个很一般的名次。来到你的面前，他们会十分沮丧，觉得自己很没用。这时，你可以对他们说："没关系的，你已经做得很好了，妈妈为你自豪！""你看那些跑得快的小朋友，他们的身体更强壮，所以，你以后也要好好吃饭，不挑食，多锻炼身体，就能和他们跑得一样快。"这样，孩子就会把失望的心情放在一边，重新拾起信心。

有的时候孩子可能会很害怕、不安

例如孩子在学校里参加了一次考试，有很多题都不会，考试结束后，被老师批评了，孩子会觉得很害怕，不知道怎么和你说这种情况，担心你的责骂。这个时候父母不要着急，尤其要控制自己的情绪，不要对孩子大吵大嚷，责备不但无助于改进，还会让孩子不知所措。父母要安静下来，去看他们有哪些字不会写，哪些题不会算，然后和颜悦色地对他们说："没关系的，妈妈知道你哪里没做好了，我们一起改进好不好？"这样孩子就会消除不安，努力去改进。

有的时候孩子可能会表现得骄傲自满

例如在语文课上，老师要孩子朗读课文，他们读得声音洪亮、吐字清晰，受到了老师的表扬。回到家里，他们会表现得兴高采烈，急于把这件事情对你说出来。这个时候，你要认真倾听他们的诉说，然后说："你做得真好，妈妈很为你高兴！但是，我们还要坚持努力，如果放松了，下次就读不好，是不是？"这样孩子就会懂得要谦虚、不能骄傲自满的道理。

父母要学会控制自己的情绪

有很多父母，自己就很情绪化，一发现孩子有些事做得不好，就控制不住自己，对孩子大吵大嚷。遇到这种情况，孩子也很害怕，不知所措，也跟着哭喊，往往是一家人乱作一团。父母首先要学会控制自己的情绪，观察孩子哪里做得不好，找到解决的办法，再与孩子一起改变，就可以避免这种情况。

总之，父母要注意观察孩子的情绪，了解他们在生活中遇到的问题，帮助解决，更好地帮助他们成长。

⑦ 让孩子把一天的事讲出来，培养他们主动沟通的习惯

有不少家庭的父母忙于工作，忽视了与孩子的沟通，这是不对的。

一位母亲对我说："我在一家私企做财务，公司的业务很繁忙，要处理很多账目、做财务报表，每天晚上都要七八点才能到家。孩子的爸爸是一名软件工程师，也要每天加班。两个人都没时间照看孩子。我们只能每天轮流接送孩子。早上把孩子送到学校，下午三点多，把孩子从学校接出来，再送到特长班，我们再去上班。孩子在特长班里一直待到晚上七点，由老师照看孩子。晚上把孩子接回家，吃过晚饭，已经是八点了。我们几乎没时间陪孩子写作业，只能够让他自己去写。就这样，一天也和孩子说不了几句话。每次到特长班接他，班里几乎只剩下他一个人了，看到孩子孤独地看着我，我心里很不是滋味，可是又能怎么办呢？我也不想这样。

"我发现我和孩子越来越陌生，他从不主动对我们说他的事，也很少对我们笑。有一天，班主任老师给我打来电话，告诉我：'你的孩子性格很孤僻，不和别的同学说话，希望你多关心他。'我听了之后很着急。"

父母工作再忙也要抽出时间陪孩子。要充分利用生活中的闲散时间，比如吃早饭和吃晚饭时、晚饭前后、晚上写作业的时间、节假日等一切能够利用上的时间，陪孩子玩耍、学习。尤其要注意，要让孩子主动地沟通，把他们一天的生活经历说出来，这对于培养他们开朗大方的性格很有好处。

让孩子主动地讲他们在学校学到了什么

吃晚饭的时候是一家人增进感情的最好时间。在餐桌上为孩子准备一道他们喜欢的菜,让他们品尝。然后鼓励他们说:

"今天老师都讲了什么有趣的知识啊,背了哪些诗词,学到了什么生字,学了哪些算数题?"

"今天的手工课上做了什么样的小制作,你做得好吗?老师是怎么评价的?"

"今天的体育课都练什么了,跑步、体操还是乒乓球?你都完成了吗?累不累?"

……

通过这些询问,让孩子把一天的学习经历说出来,你就可以知道他们的学习情况,并给予帮助和指导。

让孩子主动地说出他们在学校里与老师和同学相处的情况

孩子在学校里,由于没有父母在身边,往往会感到孤独无助。你要经常地询问他们与老师、小朋友的相处情况,鼓励他们与别人交往,融入学校生活,减少孤独感。你可以这样问:

"今天和小朋友跳长绳了吗?有几个小朋友和你一起跳绳?都叫什么名字?你是负责摇绳,还是去跳绳?"

"早上见到班主任老师,和她打招呼了吗?今天上课老师提问你了吗?"

"妈妈给你准备的零食，给小伙伴们品尝了吗？他们喜欢吗？"

······

通过这样的方式，鼓励孩子积极地去认识老师、同学，融入学校生活，减少孤独感。

让孩子主动地说出他们在学校中遇到的困难

孩子在学校里可能会遇到很多困难，比如老师讲的课没听懂，与小朋友吵架了，考试没有取得好成绩，等等。父母要有意地鼓励他们把这些困难说出来，帮助改变，不要等到许多问题积攒到一块再去解决，那个时候你会发现孩子很难教育。

父母要记住一点：即使工作再忙，也要抽出时间与孩子沟通，鼓励他们把一天的生活经历说出来，帮助他们解决困难，培养主动沟通的习惯，避免性格孤僻，让他们更健康地成长。

8 不要拒绝孩子天真的提问

很多父母都会有这样的经历：孩子慢慢长大之后，好奇心会越来越重，对什么都感兴趣，都想尝试，常常会问一些让父母意想不到的问题。民间俗话常说"七岁八岁讨狗嫌",说的就是孩子在这个年龄阶段的特点。其实,孩子有这种表现完全符合他们心理与生理发展的实际。

在三岁到八岁的时候,孩子的大脑开始发育,身体协调能力在增长,语言表达能力在增强,会自然地渴望去触摸、理解这个世界,他们有很多疑问,希望得到解答。

在这时,父母不要拒绝他们的提问。这些问题是他们理解世界的开始,如果你粗暴地拒绝他们,就会压制他们的好奇心,影响他们思维的成长,还可能伤害他们的感情,影响性格的发育。

孩子在这个时候会有许多奇怪的问题,例如:

妈妈为什么是长头发,爸爸却是短头发?

老师的讲桌里藏的是什么?

为什么别的小朋友也有爸爸和妈妈?

为什么动物园里的老虎都很温顺听话,不咬人?

飞机为什么能在天上飞,而轮船不行?

为什么把种子种在泥土里就会发芽?

植物也是生命,那么我们吃白菜的时候,它们会感到疼吗?

为什么电视里的人也会说话,他们住在电视里面吗?

我长大以后也要工作吗?

……

父母要明白一点,这些奇怪的问题是孩子认识、理解生活的开始,是他们的思维在萌芽,要积极地给予解答。

例如,前面的问题可以这样回答:

男孩子要留短头发,女孩子要留长头发,这样才能区分出来男孩和女孩。

老师的课桌里放的是粉笔、黑板擦、尺子。

每个家庭都有爸爸和妈妈,才是快乐的一家人。

因为老虎被关在笼子里,又吃饱了,所以就不咬人了。如果是在野外,它

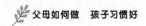
们是很危险的。

飞机能够喷射空气，这样它们就飞起来了。

种子种在泥土里，会吸收水分和营养，扎下根，就能够发芽了。

白菜是大自然馈赠给我们的礼物，是我们天然的食物，我们要爱护大自然。

电视里会动的人就像连起来的照片一样，不是真人。

每个人长大以后都要工作，才会有回报。你要多吃饭，长得强壮，长大以后才能够有力气工作。

……

亲子
课堂

父母在面对孩子好奇的提问时要注意：

不要压制孩子的好奇心

有些父母，因为工作忙或者没耐心，面对孩子幼稚的提问，以粗暴的方式拒绝："尽说傻话""一边玩去，不要烦我"，这是不对的。父母要抽出时间认真地倾听他们的提问，尽量给予合理的解答，让孩子的好奇心得到满足，知识得到增长，同时，让他们感到你的关爱，会增加思考与探索的信心。

不要随意地应付孩子的提问

有些父母因为不知道怎么回答孩子的提问，就随口说一个答案，应付过去，这样并不好。例如，孩子问："妈妈，为什么天黑了就要睡觉呢？"妈妈回答："你不睡觉，就会被大灰狼叼走。"又比如孩子问："妈妈，我明天可以不上学吗？"妈妈回答："如果你不去上学，老师会打屁股的。"……

这些都不是正确的回答方式。回答问题的时候要自然合理，让孩子明白其中的理由。前面的问题可以这样回答："天黑了，我们就会感到累了、困，没精神了，就要休息。晚上睡好了，第二天才有精神。""如果你不上学，就学不到老师讲的知识，也不能和班里小朋友在一起玩了。"

要认真地去思考孩子的提问，尽量给一个合理的解释，让孩子的好奇心得到满足，知识得到增长。

借着回答问题的机会与孩子沟通

在孩子对你提问时，要认真地倾听他们在说什么。尽管他们说得很幼稚，表达得并不清楚，但要鼓励他们去说，让表达能力得到提高。同时，你积极的倾听和回答对孩子是一种鼓励，让他们增加信心，敢于去思考、探索。对于自己也无法解答的问题，可以带着孩子去查资料、动手尝试，找到一个合理的答案。这样孩子就会明白：遇到问题要积极想办法，他们会更信任你，亲子感情得到增进。

父母要意识到一点：孩子天真的提问实际上是他们思维成长的开始，要认真地倾听，去回答他们的提问，增进亲子感情，帮助提高他们的思维能力。

⑨ 避免粗暴的沟通方式

父母在与孩子沟通交流的时候，一定要注意用温和的态度去表达。

父母是孩子的第一任老师，如果不注意自己的说话方式，粗暴地与孩子沟通，就可能对孩子造成心理伤害，让孩子失去信任，变得疏远，甚至导致孩子的性格出现扭曲。

一位母亲对我说："我儿子与先生之间的关系越来越紧张，孩子的性格变得很胆小，让人担心。"

"我先生是做销售工作的，每天都要应酬客户，晚上回到家里很晚，很少有时间在家吃晚饭，周末也大都不在家，基本上没有时间照看孩子。每天都是由我接送孩子上学，照看他的生活。"

"我先生是个急性子，他对孩子也是关心的，但因为太忙，每次与孩子沟通的时候很没耐心，总是严厉地管教几句就结束了。上周三，孩子在学校里考英语，考了不及格，只有五十多分。我先生回家以后偶然看到了放在桌子上的试卷，急了，对着还在吃饭的孩子就吼了起来，把孩子当场吓哭了。"

"我先生说的话也很粗暴，如：'你怎么这么笨？这点小事都做不好。''看人家浩浩，每次都能考前几名，你每次都这么差。''你考得这么差，让我怎么有脸去见别人。'……连我都觉得挺伤人的。"

"现在父亲见到儿子就想训斥他。看到儿子在看电视，就过去把电视关了；看到他在玩汽车模型，就把遥控器没收了。只让他看书学习。儿子就想办法躲着父亲，本来和我在家是很开心的，一看到爸爸回来，马上就不说话了，躲到自己的房间，不敢出来。"

"这让我很担心。"

父母急于教育孩子，却不注意自己的态度，可能会适得其反，不但不能让孩子改变，反而让他们更加叛逆。所以，一定要注意教育孩子的方式。

指出孩子错在哪里

你批评孩子的时候，要让他们明白错在哪。例如孩子写字不认真，把字写错了，你要告诉他们是哪一个笔画没写对，这样他们才会知道如何改正。如果你只是粗暴地对他们说："你真笨，连字都写不好。"不但不能让他们改正，还会刺伤他们的自尊心。

等孩子平静下来的时候再去教育他们

当你批评孩子的时候，他们可能用发脾气的方式与你对抗。这时，不要火上浇油，变本加厉地去责备他们，要坐在他们身边，等他们平静下来再进一步沟通。如果孩子还是不肯停止，你可以拿出一本书，坐在一边看，或者打开电视，看一会节目。但不要离开孩子。孩子看到你很平静，就会明白你想进一步与他们沟通，慢慢放松下来，等待与你交流。

让孩子明白你的批评是出于关心，而不是不喜欢他们

孩子往往很害怕父母的批评，他们觉得："妈妈批评我，是因为她不喜欢我了。"父母要消除他们的这种忧虑。你可以对他们说："妈妈

批评你，是为了帮助你下次做好。我们一起去改变好不好？"这样孩子就会消除忧虑，愿意改变。

避免使用伤人的话

父母一定要控制住自己的情绪，不要火气上来，什么话都往孩子身上扔。有的父母喜欢说伤人的话，如：

"你真没用，做什么都不成。"

"爸爸以后不喜欢你了，你太让我失望了。"

"你这么笨，长大了也没出息。"

……

要用温和的口气去沟通，如：

"这次没做好，没关系，还有下一次。"

"我们一起看看哪里做得不对，好不好？"

"你有一定的进步，我们还可以再改进。"

……

用这样的方式鼓励孩子去改变。

父母与孩子一起改进

当孩子没有做好时，父母要有耐心，与他们一起改变。比如当孩子把算数题做错了，可找到哪一步算得不对，一起去修改；孩子总是早上起床拖延，可以每天晚上帮他们定好闹钟，早上再按时去提醒他们不要拖延。有了父母的陪伴，孩子就会有动力改变。

　　父母要注意：不要用粗暴的方式与孩子沟通，那会刺伤他们的自尊心。要发现孩子错在哪儿，用温和的方式表达，帮助孩子改进，这样才有助于培养孩子健康的性格。

第 八 章

用家去改变孩子
——家庭是孩子最强有力的支撑

❤ 父母要营造融洽的家庭氛围

父母是是孩子的第一任老师，也是孩子最好的老师。从孩子呱呱坠地，到牙牙学语，到长大成才，父母都是参与者、教导者。

对孩子的教育是一个耳濡目染的过程，父母的言语、行为会在不知不觉中影响孩子。如果父母经常吵架，家庭氛围十分紧张，孩子就会产生强烈的不安全感，长大以后往往遇事不冷静，容易攻击别人。而那些成长在包容、和谐家庭中的孩子，从小受到家庭氛围的影响，长大以后能够与别人和谐相处，遇到困难会积极想办法，而不是通过发脾气、逃避的方式来解决问题。所以，父母要去构建融洽的家庭氛围。

大发明家爱迪生于1847年出生在美国的新泽西州。他的父亲经营着一家小型轮船货运公司，母亲是女子学校的一名教师。父母都从事着平凡的工作，但他们之间的感情却很融洽。在那时，由于铁路货运的发展产生了强烈的竞争，父亲不得不每天勤奋地工作，保证家庭的正常开销，常常加班到很晚。母亲一边在女子学校授课，一边照看孩子，从无怨言。

有一次，母亲从学校赶回家中，给孩子做晚饭，路上突然下起了大雨，她被淋湿了，发起了高烧，被送进了医院。父亲从公司赶到医院，握着妻子的手说："真的很对不起，你一个人承受了这么多。"

父母的融洽感情给了爱迪生很大的影响。他回忆说："父母之间的默契与相互理解，让我相信人与人之间是充满信任的，生活充满了希望，给了我努力奋斗的勇气。"

爱迪生上了小学。他的好奇心特别重，经常会刨根问底地问老师一些问题，比如"一加一为什么等于二？""为什么鸡蛋里孵不出小鸭？"等，把老师搞得很苦恼。仅三个月的时间，就被老师以"低能儿"的名义撵出学校。看到这种情况，母亲并不气馁，她相信自己的孩子不是"低能儿"。她开始自己教授爱迪生学习。父亲在忙于工作的同时，也抽出时间来教导儿子："你有自己的天赋，不要在乎别人的目光，我们会支持你的。"

就这样，在父母的关怀下，爱迪生努力地学习，他如饥似渴地阅读着各种科学书籍，在家里建立了自己的小实验室，动手做各种小发明。经过坚持努力，他长大以后成了一个大发明家。在他发明的过程中，经历了无数的失败，但他都没有放弃，他坦言：是父母的示范与激励让他保持了信心。他发明了电灯、留声机、供电系统、电影等许多重要的产品，丰富和改善了人类的生活，为人类社会的进步做出了重大贡献。

从爱迪生的经历中我们可以看到什么？良好的家庭环境对一个人的成长至关重要。父母要营造融洽的家庭氛围，不仅是为了自己的幸福，也是为了孩子的成长。

父母之间要相互理解

如果父母之间经常冷战，说话的时候总是相互攻击，严重的甚至相互吼叫，这对于孩子的伤害是很大的。教育学家研究发现，那些在不安的家庭环境中长大的孩子，大都有性格和心理问题，对别人缺乏信任感，做事冲动、极端，很难适应学校的生活。因此，父母要能够从彼此的角度考虑问题，体谅对方的难处，多为对方付出，在增进夫妻感情的同时，也给孩子提供一个温暖的家庭环境，让他们健康成长。

父母要学会相互协商解决问题

当你在家庭中遇到矛盾的时候，会怎么解决？经常遇到这样的父母，他们自己的脾气很坏，在家庭中遇到一点矛盾，就失去冷静，对着爱人大吵大闹，甚至当着孩子的面吵架。他们没有意识到，自己的这种冲动已经在孩子的心灵里埋下了不安的种子。孩子会感到心理受到伤害，感到害怕，在学校里，当他们与老师、同学相处的时候，也会感到不安，变得胆小、害羞。长大以后，当他们在生活中遇到挫折的时候，很容易放弃。父母要学会协商解决问题。当你发现自己与另一半意见不一致的时候，要多征求对方的意见，多倾听对方的想法，找到一个双方都同意的解决办法，给孩子做出一个好的榜样。

不要当着孩子的面吵架

有的父母，在情绪上来的时候，控制不住自己，当着孩子的面争吵，甚至摔东西。这是不对的。你的这种行为会传染给孩子，让他们以为吵架就是解决问题的方式。如果父母之间有矛盾，可以避开孩子进行商量。等矛盾解决了，再回到孩子面前。不要把自己情绪化的一面暴露在孩子面前。

父母要做孩子的榜样，不要轻易地放弃

有很多父母很没耐心，做事情很容易放弃。比如在公司里的工作不顺利，回到家里发脾气，迁怒于家人。这会让孩子不知所措。他们不知道你为什么要发脾气。所以，父母要成为孩子的榜样，遇到困难不要退

缩，有耐心，不轻言放弃。孩子看到父母在努力进取，遇到困难也会鼓起勇气，想办法去克服。这对于他们的成长很有好处。

父母要抽出时间，共同陪孩子做游戏、学习

不少父母以工作忙为理由，很少抽出时间陪家人。一家人只是生活在一个屋檐下，很少有共同的语言。这种情况对于孩子的成长很不利。你会发现与孩子的隔阂越来越深，当孩子在学校里出现上课不听讲、与老师关系紧张、学习跟不上等情况时，你再想管教孩子，孩子往往会很叛逆。改变的办法就是抽出时间多陪孩子。试想一下，你努力工作是为了什么？难道不是为了家人的幸福吗？所以，不要舍近求远，平时就抽出时间陪家人，减少加班，这对家庭幸福是非常重要的。可以一起吃晚饭；一起陪孩子看书、做游戏、写作业；周末一起看电影、打乒乓球、跳健美操。增加家人间的感情，建立信任，便于教育孩子。

父母要共同关注孩子的问题

孩子在学校受委屈了、考试成绩不理想、被老师批评了……都有可能让他们心情不愉快。当父母发现他们不爱说话、一个人躲在那里时，要问问他们为什么，然后与他们一起度过这段时间。孩子在这时是最需要关心的，如果父母不闻不问，他们就会觉得没人爱他们，变得孤僻、软弱。这时父母要抽出时间去问他们："发生了什么？"然后给孩子提出改进的建议。孩子遇到困难只是一时的，此时他们更需要我们的安慰。发现问题的原因，与孩子一起改变，才是正确的解决方案。

记住一点，家庭是一个人成长过程中的避风港湾，是孩子最坚实的后盾。父母应该构建和谐的家庭氛围，与孩子站在一起，帮助他们克服困难，更好地投入到学习和生活中。

❤ ② 父母之间要相互沟通，并且及时地关注孩子

为了让家庭环境变得和睦，父母之间要经常沟通，相互了解，这样才有助于孩子的成长。

一位父亲对我说："我很发愁，我的儿子现在很叛逆，我很难教育他。"

这位父亲是一家手机专卖连锁店的销售经理，负责好几家店铺的销售工作。每天都要设计广告、制作宣传单，到各大商场组织促销活动，工作非常繁忙。回到家里的时候，孩子已经睡着了。因为经常加班，他与爱人的沟通也很少，两个人常常是在微信里相互留个言，爱人说一下孩子的学习、生活情况，他说一下自己几点回家，两个人的交流差不多就这么多了。

结果，他发现，自己与家人越来越陌生。每天爱人与他只有寥寥几句的交流，对于孩子，经常是他回来的时候孩子已经睡了；他早上走的时候，孩子才刚刚睡醒。即使周末一家人偶然有时间在一起，也大都无话可说。而且孩子也在有意地躲着他。他看到孩子在客厅里玩积木，过去想陪孩子玩一会，孩子见到他来，却跑到自己房间看故事书去了。

有一天，幼儿园的老师给他打电话，说："你家孩子在学校里很叛逆，上课不听讲，还和小朋友打架，请你多关注。"

这位父亲很着急，回到家里，把孩子叫到面前，想教育他，没想到孩子说："我不需要你管，我自己能够管好自己。"

这位父亲很伤心。他不知怎么会发生这些事情。他是很爱家人与孩子的，为什么会变得疏远呢？

父母之间如果缺乏沟通，家庭环境就会变得冷淡，不信任和猜疑的心理就会增加，长期下去，不仅会影响家庭的幸福，孩子的成长发育也会受到影响。父母一定要经常沟通。

把你的想法坦诚地说出来

有些父母有事情不和对方说，闷在肚子里。还有的父母认为："有什么事还需要说出来吗？难道他/她还不能想到吗？"你可能一厢情愿地认为对方自然会理解你，实际上，当你减少话语的时候，也就失去了相互理解的机会。

当你对一件事情有不同意见时，要坦诚地说出来。例如对家庭的支出，对家务的分配，对孩子的教育……坦诚地说出来之后，才能够让对方知道你的真实想法。当你们彼此都真诚地倾诉时，就可以知道对方的苦衷，避免总是从自己的角度想问题，就可以共同努力解决家庭和教育孩子的问题。如果平时不注重沟通，就可能让小问题变成大矛盾。

注意沟通的场合和时机

父母之间相互沟通的时候要注意场合。有的父母常常因为一点小事，就当着孩子的面、当着亲戚朋友的面争吵。其实，家庭问题大都是属于你们内部的问题，应该避开外人，不适合孩子的问题要等孩子睡着，或者在另外一个房间进行讨论。

不要一味指责对方，减少命令式的口吻

所谓"揭人不揭短"，每个人都有优点和缺点。有些父母在相互沟通的时候，看到的全是对方的缺点，比如先生抱怨妻子不会做家务、厨艺不精，妻子抱怨先生赚钱少、不顾家，等等，说出来的全是责备的话。这样挑剔的说话方式会让孩子觉得父母缺乏宽容心。他们长大以后也可能会变得挑剔、苛刻，缺乏承受挫折的能力。父母要尊重对方，看到对方的优点，多夸奖对方的优点，相互体谅，帮助对方改进。这样，孩子也能够学会宽容，在面对困难时能够保持心态平和，想办法解决。

学会让自己安静下来

有些父母常常因为一点小事吵架，控制不住自己的情绪，互不相让，结果让家庭气氛变得十分紧张。孩子看到父母情绪失控，不停地争吵，自己也会变得十分焦虑，这对他们的成长十分不利。你与自己的另一半发生争执时，要让自己冷静下来，想想事情的前因后果。在情绪上头的时候，我们看到的往往都是对方的不对。冷静下来之后，你就会发现，很多事情自己做得也不对。想想自己的错误，理性地沟通，才能减少矛盾。当发现

对方情绪失控时，你要保持冷静，倾听对方的诉说，你的倾听有助于缓和紧张，让对方也平静下来。等双方都平静下来之后，再把各自的理由说清楚，坦诚相待，这样就可以很好地解决问题，恢复家庭的和睦。

说话的时候要考虑孩子的感受

有的父母会当着孩子的面指责对方的错误，说一些过激的话，这是不对的。你要注意，孩子也是家庭的一员。你过激的言论、失控的情绪，很可能会给孩子造成心理伤害，让他们缺乏安全感，不再信任你。你要把孩子当成一个"小大人"，知道他们也在观察你，考虑你说的话，这样就能够控制情绪，减少过激行为。

总之，父母要注意时常沟通，及时消除家庭矛盾，增加信任，构建融洽的家庭环境，这样才能够让孩子健康地成长。

❸ 宽容与约束——父母之间要有适当的角色分工

教育孩子是父母共同的责任。

教育学家研究发现，那些在父母共同教育下成长的孩子，性格更加完善，承受挫折的能力更强，更擅长处理人际关系，在生活和事业中更容易取得成功。而在单亲家庭中成长的孩子，往往性格极端、缺乏自信心、坚持能力不足。这是因为在父母的共同教育下，父母可以给孩子分别提供不同的养分，帮助他们成长。

一个人的成长，既需要包容，又需要约束。

一般来讲，男孩子会在母亲那里得到温暖的关怀，母亲会容许他们的错误，宽容他们的任性，允许他们释放自我，但在父亲那里，男孩子得到的往往是严格的要求，必须约束自己、提高毅力。女孩子往往在父亲那里得到宽容、支持和理解，父亲会很宠爱她们，对她们天真的要求从不拒绝，但在母亲那里，女孩子得到的是约束和提高自律的要求。这是人类社会经过千百年沿袭下来的性别角色所自然形成的要求。

这种性别角色的分工是不可缺少的。因为一个人的成长既需要宽容与支持，同时也需要严格的约束与教导。如果缺少一个，都可能使孩子的性格发育不良。如果缺少前者，那么孩子就会缺少安全感，缺乏爱的满足，不敢探索，一生都会处于焦虑、无助的状态下；如果缺少后者，孩子就会缺乏自律性，不能养成好习惯，一生都会放任懒散。

生活中我们常常可以看到，母亲对儿子十分宽容，对他们的要求尽可能地满足，但父亲却是另外一个极端，在教育儿子时表现得十分严厉，稍有不满意就会责备。或者父亲视女儿如掌上明珠，百依百顺，但母亲对女儿却表现得十分理智。这种都是父母性别自然分工的结果。

在多数家庭中都是这种情况。只有在极少数家庭，比如单亲家庭中，或者是父母有一方无暇顾及孩子的教育，而由另一方完全承担，需要由父母中的一方来承担这两种截然不同的教育。但这往往会非常困难，因为对于父母中的任何一方来讲，他们往往不太容易把握这种宽容与约束的尺度。

在单亲家庭或者在只有一方主导孩子教育的家庭中，要对父亲/母亲提出更高的要求：他们既要能够关心孩子，理解他们的需要，又要能够提出约束，帮助他们提高自律性，养成好习惯。这是一个不小的挑战。当然，无论是宽容还是约束，本质的目标只有一个，那就是让孩子接受完善的教育，健康地成长。

父母要尽可能地注意这种性别角色的分工，行使好各自的使命。一般来说：

父母要分别为孩子做出榜样

孩子在生活中遇到困难的时候会怎样做？他们的第一反应往往就是效仿父母。如果父母在生活中遇到困难不灰心，保持耐心，孩子受到影响，就不会轻易放弃。父亲要表现得刚强、做事情不退缩、有责任感，这样，对于男孩子来讲，就是一种强化，他们也会不自觉地效仿父亲，表现得有韧性、坚持；对于女孩子来讲，面对父亲的表现，她们会感到有安全感，增加信任和理解，这对于她们性格的塑造很有好处。

同时，如果母亲在生活中表现得宽容、理解、关怀、支持别人、有耐心，保持理智的态度，那么对于女孩子来讲，她们也会在不自觉中效仿，遇到困难也能够保持平静，不发脾气。面对母亲这样的表现，对于男孩子来讲，他们会感到有安全感，增加自信心和探索的勇气，这对于他们的成长也很重要。

父母要注意各自在家庭中的分工

在多数家庭中，处理家庭事务时父母都有一定的分工。比如父亲主要负责赚钱养家，母亲主要承担做家务和照顾孩子。这种分工在每个家庭中都有所不同，并不一定都是一个模式。父母应该在平时就注意交流，协商好各自在家庭中的职责。比如把家庭的任务列出来，包括接送孩子上学、洗衣、做饭、做清扫和各种家务、购物、陪孩子写作业等。大多数的家庭都是父母共同工作，那就把各自的工作时间列出来，什么时候能够回到家里，然后再根据这些，进行责任分派，让家庭中的每项事情都能够得到及时的处理，这样家庭就不会紊乱，矛盾也会减少，对于孩子的成长也会很有好处。

父母要相互合作，一方提供关怀，另外一方提供约束

有些父母不注意在教育孩子时的合作。例如在一些家庭里，儿子作业没写好，或者起床拖延，父亲在严厉地斥责儿子，母亲却拦着父亲，让儿子躲在自己的身后，避免父亲的责备。这样的教育对孩子并没有好处。原因在于，父亲的教育过于严厉，让孩子无法接受，而母亲的教育过于宽容，让孩子觉得即使做错了事，也可以轻易地逃避责任。

正确的做法是，父母和孩子一起坐下来，保持理性。可以让儿子坐在妈妈的旁边，然后由父亲进行分析，指出孩子的问题所在，比如写作业粗心大意，或者早上拖延导致不能按时起床、上学迟到。这样，孩子既得到了关怀，又知道了自己的错误所在，更容易做出改变。

又比如女儿因为妈妈不给买一件新衣服而大发脾气，坐在地上大哭大闹。这时可以让父亲站在女儿的旁边，然后由母亲告诫她："你已经有了很多衣服，再买只是浪费。"这样，可以让女儿在不失安全感的同时，又明白了道理。

父母要共同面对孩子的问题，既要有人来给他们提供支持，又要有人来指出他们的错误，这样才便于孩子改进。

父母当中有一方做得不好时，要由另外一方来纠正

每个人都可能有情绪失控的时候，父母平时要注意观察彼此的态度。如果发现对方在教育孩子时生气、发脾气，情绪上来控制不住自己时，要马上提醒："他/她做得不对，但他/她还是个孩子，我们要用正确的方式去帮助改变，不要着急，这样是没用的。"让对方平静下来。这样的家庭氛围很重要，会让孩子拥有安全感，增加对别人的信任。当父母都能够控制住自己的脾气时，再去想办法，你会发现孩子容易教育许多。

实际上，绝大多数到了青春期、成年以后出现各种问题的孩子，他们的家庭往往有暴力、攻击、父母情绪化等问题。这就需要平时父母在相互之间建立信任，提醒对方控制自己，及早化解家庭矛盾，避免用过激的方式教育孩子。

概言之，父母要注意，每个人在家庭中都有一定的性别角色分工，行使好自己的分工与职责，共同教育孩子，能够塑造孩子良好的性格、增强他们的自信心、提高毅力，对于他们将来的成长至关重要。

4 用"家庭会议"去解决问题，并让孩子参与

为了解决孩子在成长过程中的问题，父母可以定期地组织"家庭会议"。每周可以两到三次，例如周三一次，周日一次。每次的时间不用很长，半个小时即可。把一段时间以来与孩子有关的问题集中列出来，加以解决。"会议"不必很正式，一家人很放松地坐在一起，以聊天的方式进行。

讨论与孩子有关的支出

父母可以把几天来孩子的花销列出来，对孩子说："宝宝你这段时间花了××元钱，与我们的计划大体是符合的，没有超支，做得很好。"再把未来一段时间孩子的必要开支列出来，例如，告诉孩子："未来几天，我们要买一双运动鞋、几筒饼干、几盒酸牛奶，还要买几瓶果汁、两个笔记本，预计要花××元钱。"孩子就会知道你们在考虑他/她的生活，明白花钱是要有计划的，合理的购物需要能够得到满足，不合理的要节约。

讨论孩子一段时间以来对生活习惯的坚持情况

孩子正处在成长期，父母希望他们养成很多好的生活习惯。你可以把一段时间以来孩子的坚持情况总结一下。例如，是否能够每天按时

上床休息、早上准时起床；是否每天能够控制看动画片、玩手机游戏的时间；是否能够每天坚持锻炼；是否能够定期整理自己的房间，等等。

通过这样的总结，督促孩子坚持下去，直到养成稳定的习惯。

总结一段时间以来孩子的学习情况

孩子的学习是许多父母关心的头等大事，为了达到督促孩子的目的，你可以在"家庭会议"上对一段时间以来的学习情况进行总结。例如拿出孩子的作业本，看本子上老师的批改情况，错在哪里，是否有修改，然后询问孩子："老师的批改都弄懂了吗？"如果孩子还有疑问，要马上帮助他们弄清楚，不要让问题越攒越多，影响下一步的学习。

询问孩子在幼儿园、学校的生活情况

父母在把孩子送到幼儿园、学校以后不要不闻不问，要用"家庭会议"的时间去了解。例如，你可以询问：

"宝宝，这段时间你在学校过得开心吗？"

"新认识了哪些小朋友？叫什么名字？"

"给你上课的老师都认识吗？"

"老师上课提问，你举手回答了吗？"

"老师讲的课，你能够听懂吗？"

"在学校里做了哪些游戏，你都参加了吗？"

……

通过这样的询问，一方面可以了解孩子在学校的生活和学习情

况，另一方面也可以促进孩子积极地与同学、老师相处，融入学校生活，减少孤独无助的感觉。

让孩子参与家庭问题的讨论

父母要注意，当你们讨论与孩子有关的问题的时候，要让孩子参与。例如孩子的生日到了，你想给孩子买一件礼物，可以问："妈妈打算送你一个生日礼物，你希望买什么？"

孩子可能会回答：希望得到一部玩具汽车（或者一个电子布娃娃）。然后你可以接着问："为什么喜欢玩具汽车（或者电子布娃娃）？"孩子就会说出他们的理由。比如他们喜欢汽车的外型、遥控能力，或者电子布娃娃的漂亮衣服、说话的声音，等等。在这个过程中，你可以考虑孩子的要求是不是合理，给予同意或者拒绝，让孩子明白家庭事务需要协商，同时还可以锻炼他们的表达能力。

概言之，父母可以通过定期举办"家庭会议"，让孩子参与其中，协商有关孩子的问题，帮助他们更好地成长。

后记

多年以来，我一直在观察一个现象：父母们为了让孩子成功，急于求成，满足他们的各种不合理的要求，同时，又给小小的年纪他们加上很重的课业负担，报各种辅导班，不停地做题，每天学习到很晚……

这样真的能够让孩子健康地成长吗？

人们常说"授之以鱼，不如授之以渔"，就是说，给人以鱼，不如教他们打渔的本事。对于教育来说，打渔的本事，就是孩子的良好的生活习惯与学习习惯。自律、专注；认真观察，积极思考，动手尝试；做事有目标、有计划，坚持到底……，有了这些好习惯，他们才能够从容地应对生活与学习中的各种挑战。

我们的父母把太多的精力放在琐碎的事情上，却忽视了对孩子的能力与习惯的培养，这是不对的！

希望本书能够为您教育孩子提供一些新的角度，帮助您的孩子培养好习惯，提升能力。

在本书的成书过程中，得到了许多同仁的热情建议，同时，也得到了编辑老师的悉心的指点，在此表示深深的感谢。